統計学
リテラシー

田中 勝・藤木 淳・青山崇洋・天羽隆史 共著

培風館

　既に世の中には統計に関する書籍はあふれており，実際，著者らはそれぞれの所属する大学の統計の授業で多くの教科書を毎年変えながら使ってきた。それらはおよそ「用語と使用方法の解説」を主としたものと「定義→定理→証明型の数理の解説」を主にしたものの二手に分けることができる。その中の例題や演習問題は大いに参考になった。しかし，授業で使用することを考えると，これらの中間的な位置づけにあり，我々がイメージする教育により即した教科書が欲しいと思い，本書を執筆するに至った。

　本書を著すにあたって，以下のことに特に注意しながら執筆を進めた：

- 自分で設定した評価基準となる量[*1]を最適化することにより目的の統計量を導出すること，
- どのように評価基準を設定したらよいのかという最重要な疑問にも十分に応えられるように解説を行うこと。

これらは，今後よりいっそう主たる分野となるであろう機械学習[*2]の最も簡単な雛型

[*1] 何をしたいのかをまずはっきりと意識することが大切で，それができれば後は目的に応じて評価基準を設定することになる。この最も重要なポイントとなる評価基準の設定の仕方についても，もちろん十分な解説を行うので心配無用である。

[*2] 人工知能 (AI) という人もいるが，実際には人工知能には程遠く，ここは正直に知能拡大 (AI: Augmented Intelligence または IA: Intelligence Augmentation) というべきである。また，既に科学・工学の様々な分野だけでなく社会科学・人文科学に対しても役に立つ道具として浸透してきていることは言うまでもない。今後さらにこの動きは加速することだろう。

の提示でもある。機械学習においては，この自分で設定した評価基準となる量*3を最適化 (最小化または最大化) するようにシステムのもつパラメータの学習*4を行わせ，汎化性能*5を向上させることが目的となる。

そして実際の執筆にあたっては，まず基本となる記述統計に多くの分量を費やし，特に離散から連続への移行を丁寧に扱った。一方で推測統計に関しては比較的軽めの扱いとなったが，これについては今後改めて執筆する予定である。

本書のさらなる特徴としては，

- 文理を問わず，多くの学生が予習・復習をしやすいように冗長になることを厭わず丁寧な解説を与えたこと，
- 例題および演習問題をつけ，解答例をできるだけ丁寧に示すことで理解を深められるようにしたこと，
- 一部の問題を解くにあたって，手計算が厳しいと思われる場合には，現在の学生の状況を鑑みスマホ，タブレット，パソコンといったデバイスを選ばず動作する表計算ソフトの Numbers (Apple 社) を利用したこと (その際，Microsoft 社の Excel でも動作するように標準的な表計算用の関数のみを使用するように努めた)，

などを挙げることができる。

最後に，立命館大学の難波隆弥助教と岡山大学の田口 大准教授には確率論の立場から用語の使い方等に関して貴重なご意見をいただいた。ここに記して感謝いたします。また，本書は TeX 組版システムで書かれており，その際，装飾等に関しては ascolorbox.sty*6を使用しています。素晴らしいスタイルファイルを開発し公開されている Yasunari Yoshida 氏に感謝いたします。

2020 年 師走

著 者 一 同

---

*3 機械学習では，損失関数や平均損失関数，交差エントロピーなどが挙げられる。
*4 学習とは，自分で設定した評価基準を最適化するためにシステムのもつパラメータを逐次的に更新することである。
*5 学習時の訓練データには現れなかったシステムにとって未知のデータに対しても望ましい出力をする能力のこと。
*6 version 1.0.3, https://github.com/Yasunari/ascolorbox

1

データの整理は情報圧縮: 記述統計学

統計学の世界にふれましょう。

1.1　統計学の目標・変量とデータ

まずはじめに，統計学の目標について考えよう。

統計学の目標

　例えば，50 人のクラスの各人の身長・体重について取り上げてみよう。各々の値をデータとよぶ。これらを見れば，"比較的" 身長が高い人，"比較的" 体重が軽い人など，50 人それぞれが特徴をもつことがわかる。ここで "比較的" という言葉を用いたが，これはいったいどのような考え方から生まれてくるのであろうか。

　特定の A さんが "身長が高くて体重が軽い" というためには，その前に 50 人全員の身長と体重のデータから様子を知る必要がある。もし，50 人全員の身長と体重の平均を求めることができれば，それらの値と比較して A さんの身長の値が大きく，体重の値が小さい場合に上記のようなことがいえる。つまり，最初に述べた 50 人それぞれの特徴とは，50 人全員分のデータを先に知ることにより得られる情報である。

1

統計学ではデータから様々な手法により主に "集団全体の特徴を数値化して捉える" ことを目標としている。

正確な値とおよその値

　「車を時速 50 km で 2 時間運転したとき何 km 進むことができますか?」という数学の問題があったとする。このとき答えは 100 km であることは容易にわかるが，実際には常に時速 50 km でちょうど 2 時間運転することはほぼありえない。日常生活においては「車を平均時速 50 km で約 2 時間運転したとき何 km ほど進むことができますか?」といったように，数値はあくまでも "およそ" の値として議論することが多々ある。数学で問われるような正確な値とは異なるが，我々が知りたい情報としてはこの程度の曖昧さがあっても事が足りることは理解していただけると思う。あるデータの特徴について正確な値を得ることまでは辿り着けなくとも，物事を進めるのに十分な値を導き出すことが統計学における重要な目的の一つである。

変量とデータ

　「身長」や「体重」といった**選ばれる個体**もしくは「100 回のコイン投げで表が出る回数」といった**起こりうる現象の結果**などに応じて変化する値を**変量 (variate)** といい，大文字のアルファベット X, Y, Z などを用いて表すことが多い。個体が選ばれたり現象を観測したときに，変量が実際にとった値 (数) を**データ**という。通常データを収集する際は，複数個の個体や複数通りの結果を観察するため，それらに適当に番号を付けておく。

　いま，n 個の個体を選んで番号を付けておくとき，変量 X に関して番号 i の個体がとったデータを x_i と表す (実際の調査や観測の結果，x_i には具体的な数字が入ります)。

定義 1.1 〈1 次元データ〉

　変量 X に関して得られるデータの列 $x = (x_1, x_2, \ldots, x_n)$ を **1 次元データ**とよび，$\overline{x} = \dfrac{1}{n}\displaystyle\sum_{i=1}^{n} x_i$ を x の**平均値 (mean)** という。

　$\overline{\ast}$ ('$\ast$' には何か文字が入ります) は「$\ast$ バー」と読む。上の $\overline{x}$ の場合は，「エックスバー」と読むということである。

例題 1次元データの平均値

10人の身長を測ったところ，次の測定結果が得られた (単位は cm)。

$$x = (\ x_1, \quad x_2, \quad x_3, \quad x_4, \quad x_5, \quad x_6, \quad x_7, \quad x_8, \quad x_9, \quad x_{10}\ )$$

$$= (\ 165, \quad 158, \quad 149, \quad 167, \quad 157, \quad 171, \quad 168, \quad 155, \quad 162, \quad 147\ )$$

この1次元データ x の平均値 $\overline{x}$ を求めよ。

Point: 平均値の計算 ⇒ 全データを足して，足した個数で割る!

解答例

電卓を用いて計算すると，

$$\overline{x} = \frac{x_1 + x_2 + x_3 + x_4 + x_5 + x_6 + x_7 + x_8 + x_9 + x_{10}}{10}$$

$$= \frac{165 + 158 + 149 + 167 + 157 + 171 + 168 + 155 + 162 + 147}{10}$$

$$= \frac{1599}{10} = \mathbf{159.9}\,(\text{cm}).$$

【演習問題 1.1】〈解答例: p. 193〉

1回のコイン投げにつき，表が出れば1を，裏が出れば0を記録することにした。1枚のコインを10回投げたところ，次の測定結果が得られた。

$$y = (\ 1, \quad 1, \quad 0, \quad 1, \quad 0, \quad 0, \quad 0, \quad 1, \quad 0, \quad 1\ )$$

このとき，次の問いに答えよ。

(1) この10回のコイン投げにおいて，表が出た回数と裏が出た回数を求めよ。

(2) 上の1次元データ y の平均値 $\overline{y}$ を求めよ。

| 例 題 | 従属する 1 次元データの計算 |

5 人の身長と体重を測ったところ，右表の測定結果が得られた。この測定結果に対応して新たな変量

$$X = \frac{(身長) - 110}{(体重)}$$

に関するデータを計算し，その結果を右の空欄に埋めよ。

No.	体重 [kg]	身長 [cm]	X
1	65	180	$x_1 =$
2	62	175	$x_2 =$
3	56	167	$x_3 =$
4	58	170	$x_4 =$
5	85	174	$x_5 =$

Point: 変量のあいだの関係に注意!

各個体ごとに 2 つの変量 (体重)，(身長) の具体的な値がわかれば，X の定義式を通じて各個体ごとに X のとったデータの値が計算できる。このような状況を，「**変量 X は 2 つの変量 (体重)，(身長) に従属している**」という。しかし逆に，変量 X のとったデータがわかったからといって，その値だけを見て (体重)，(身長) のデータを復元することができるとは限らない。

| 解答例 |

単位は，あえていえば [cm/kg] となるが，いまは気にしなくて大丈夫である。番号 1 の人が変量

$$X = \frac{(身長) - 110}{(体重)}$$

に関してとった値は

$$x_1 = \frac{(番号 1 の人の身長) - 110}{(番号 1 の人の体重)} = \frac{180 - 110}{65} = 1.0769... \fallingdotseq \mathbf{1.08}$$

となる。同様にして，番号 2, 3, 4, 5 の人がそれぞれ変量 X に関してとった値は

$$x_2 = \frac{(\text{番号 2 の人の身長}) - 110}{(\text{番号 2 の人の体重})} = \frac{175 - 110}{62} = 1.0483... \fallingdotseq \mathbf{1.05},$$

$$x_3 = \frac{(\text{番号 3 の人の身長}) - 110}{(\text{番号 3 の人の体重})} = \frac{167 - 110}{56} = 1.0178... \fallingdotseq \mathbf{1.02},$$

$$x_4 = \frac{(\text{番号 4 の人の身長}) - 110}{(\text{番号 4 の人の体重})} = \frac{170 - 110}{58} = 1.0344... \fallingdotseq \mathbf{1.03},$$

$$x_5 = \frac{(\text{番号 5 の人の身長}) - 110}{(\text{番号 5 の人の体重})} = \frac{174 - 110}{85} = 0.7529... \fallingdotseq \mathbf{0.75}$$

となる。

【演習問題 1.2】〈解答: **p. 193**〉

100 回のコイン投げを 5 セット繰り返した結果を右表にまとめた。このとき，新たな変量

$$X = \frac{\left(\begin{array}{c}\text{100 回のコイン投げ}\\\text{で表が出た回数}\end{array}\right)}{100}$$

に関するデータを計算し，その結果を右の空欄に埋めよ。

実験回数	100 回のコイン投げで表が出た回数	X
1	65	
2	42	
3	46	
4	56	
5	59	

1.2 記述統計学: 1 次元データ

1.2.1 1 次元データを表すおよその数値

ここでは，ある変量に関して得られた複数個のデータからなる 1 次元データをたった 1 つの数値で "代表する" ような値をどのように見つければよいのかについて考えてみよう。1 次元データは数直線上に並べることができるが，これらを "代表する" 数値とは，数直線上にあるこの 1 次元データの，**"およそ"** の位置を表すとも考えられる。つまり，多くのデータに "近い" と考えられる値のことである。

 ペナルティもしくは損失の考え方

定義 1.2〈偏差〉

1 次元データ $x = (x_1, x_2, \ldots, x_n)$ と数値 a が与えられたとき，$x_i - a$ をデータ x_i の a からの偏差 (deviation) という。

偏差

$$x_i - a \text{ は } \begin{cases} a \text{ より } x_i \text{ が大きいときに正,} \\ a \text{ より } x_i \text{ が小さいときに負} \end{cases}$$

となる性質をもっている。その絶対値

$$|x_i - a| \text{ は } \begin{cases} x_i \text{ が } a \text{ から離れれば離れるほど大きい。} \\ x_i \text{ が } a \text{ に近いほど小さくなる。} \end{cases}$$

そこで $|x_i - a|$ を

"a がデータ x_i から受けるペナルティ (の素点) の値"

もしくは

"a がデータ x_i から被る損失の大きさ (の素点)"

と捉えてみよう。このペナルティ $|x_i - a|$ の値が小さければ小さいほど，a はより正確に x_i を表すことになるが，このとき他のデータ x_j に関しては $|x_j - a|$ の値が大きくなってしまうかもしれない。

ペナルティ (損失) の与え方の例

　1 次元データ $x = (x_1, x_2, \ldots, x_n)$ と数値 a に対してこれまでは，a が 1 つのデータ x_i から受けるペナルティを考えた。数値 a にデータの "およその位置" という意味をもたせたければ，1 つのデータ x_i のみに注目するだけでなく，数直線上に横たわるデータを俯瞰的に見てペナルティをつける必要があるであろう。そこで数値 a が，どれか 1 つのデータの値ではなくデータの全体から受けるペナルティを考えたい。

　もう少し別の表現をしてみよう。ペナルティの値 $|x_i - a|$ を，x_i からみて数値 a が「自分 ($= x_i$) の位置をどれだけ正確に表しているか」に関する x_i から a へのクレームの大きさと考えてみよう。数値 a に対するクレームの値 $|x_i - a|$ が小さければ小さいほど，a はより正確に x_i を表すことになるが，今度は他のデータ x_j からのクレームの値 $|x_j - a|$ が大きくなってしまうかもしれない。"およその位置" とは，データ x_i たちによる数値 a の引っ張り合いの結果，その妥協点として決まる a の値と考えるのである。では，どのような数値 a を選べばデータ全体の妥協点，つまり "およその位置" といえるだろうか。

　本書では，データの全体にわたるペナルティ (クレーム) の総計法として以下の 2 通りを考え，それぞれの総計法ごとに，その最小値を与える a こそが 1 次元データ x の "およその位置"(妥協点) であると判断しよう。

(1) a に対する各ペナルティの値の平均 $L_1(a) = \dfrac{1}{n} \sum_{i=1}^{n} |x_i - a|$.

(2) a に対する各ペナルティの値を 2 乗すると，

$$(x_i - a)^2 \cdots \begin{cases} \text{素点 } |x_i - a| \text{ が大きいほどよりたくさんのペナルティを与え,} \\ \text{素点 } |x_i - a| \text{ が小さいほどより少ないペナルティを与える} \end{cases}$$

ことになる。そこでこれらの平均 $L_2(a) = \dfrac{1}{n} \sum_{i=1}^{n} (x_i - a)^2$.

これらをペナルティ関数 (損失関数) とよぶことにしよう。

　どのような総計法を考えるかは結局 人それぞれの感覚次第であるが，次項ではこれら $L_1(a)$ と $L_2(a)$ に限って，それぞれを最小にする a を紹介しよう。

| 例 | 題 | ペナルティの計算

次の 1 次元データ

$$34, \quad 109, \quad 7, \quad 52, \quad 13$$

について,

(1) $L_1(0)$, $L_1(34)$, $L_1(43)$ の値を求めよ.

(2) $L_2(0)$, $L_2(34)$, $L_2(43)$ の値を求めよ.

Point:

$L_1(a)$ の計算 $\Rightarrow$ 足し合わせる各偏差の "絶対値 $|...|$" を忘れないこと!

解答例

1 次元データが $x = (x_1, x_2, x_3, x_4, x_5) = (34, 109, 7, 52, 13)$ のように与え
られている状況である.

(1) $\quad L_1(a) = \dfrac{1}{5} \sum_{i=1}^{5} |x_i - a|$

$\qquad = \dfrac{|x_1 - a| + |x_2 - a| + |x_3 - a| + |x_4 - a| + |x_5 - a|}{5}$

$\qquad = \dfrac{|34 - a| + |109 - a| + |7 - a| + |52 - a| + |13 - a|}{5}$

の式に照らし合わせると,

$$L_1(0) = \frac{|34 - 0| + |109 - 0| + |7 - 0| + |52 - 0| + |13 - 0|}{5}$$

$$= \frac{34 + 109 + 7 + 52 + 13}{5} = \frac{215}{5} = \mathbf{43},$$

$$L_1(34) = \frac{|34 - 34| + |109 - 34| + |7 - 34| + |52 - 34| + |13 - 34|}{5}$$

$$= \frac{0 + 75 + 27 + 18 + 21}{5} = \frac{141}{5} = \mathbf{28.2},$$

$$L_1(43) = \frac{|34-43| + |109-43| + |7-43| + |52-43| + |13-43|}{5}$$

$$= \frac{9 + 66 + 36 + 9 + 30}{5} = \frac{150}{5} = \mathbf{30}.$$

(2) $L_2(a) = \dfrac{(34-a)^2 + (109-a)^2 + (7-a)^2 + (52-a)^2 + (13-a)^2}{5}$
の式に照らし合わせて，電卓を用いて計算すると，

$$L_2(0) = \frac{(34-0)^2 + (109-0)^2 + (7-0)^2 + (52-0)^2 + (13-0)^2}{5}$$

$$= \frac{34^2 + 109^2 + 7^2 + 52^2 + 13^2}{5}$$

$$= \frac{1156 + 11881 + 49 + 2704 + 169}{5} = \frac{15959}{5} = \mathbf{3191.8},$$

$$L_2(34) = \frac{(34-34)^2 + (109-34)^2 + (7-34)^2 + (52-34)^2 + (13-34)^2}{5}$$

$$= \frac{0^2 + 75^2 + 27^2 + 18^2 + 21^2}{5}$$

$$= \frac{0 + 5625 + 729 + 324 + 441}{5} = \frac{7119}{5} = \mathbf{1423.8},$$

$$L_2(43) = \frac{(34-43)^2 + (109-43)^2 + (7-43)^2 + (52-43)^2 + (13-43)^2}{5}$$

$$= \frac{9^2 + 66^2 + 36^2 + 9^2 + 30^2}{5} = \frac{6714}{5} = \mathbf{1342.8}.$$

【演習問題 1.3】〈ペナルティ関数のグラフ (解答: p. 193)〉

1 次元データ $x = (5, 2, -3, 8)$ に対して次の問いに答えよ。

(1) 関数 $L_1(a)$ のグラフを描け。

(2) 関数 $L_2(a)$ のグラフを描け。

1.2.2　データの代表値

定義 1.3〈中央値〉

1 次元データ $x = (x_1, x_2, \ldots, x_n)$ を小さい順に並べ替えて

$$a_1 \leqq a_2 \leqq \cdots \leqq a_n$$

となったとする。(例えば，1 次元データ $x = (3, 8, 2, 5, 4, 9, 8)$ を小さい順に並べ替え
たら 2, 3, 4, 5, 8, 8, 9 となります。)

(1) n が奇数のとき，ある自然数 m を用いて $n = 2m + 1$ と書いたとき

$$\underbrace{a_1 \leqq \cdots \leqq a_m}_{\substack{m\ \text{個のデータが}\\\text{並んでいる。}}} \leqq a_{m+1} \leqq \underbrace{a_{m+2} \leqq \cdots \leqq a_{2m+1}}_{\substack{m\ \text{個のデータが}\\\text{並んでいる。}}}$$

という並びをしている。このとき

- $Q_2(x) = a_{m+1}$ と定め，x の**中央値** (median) とよぶ。
- $(a_1, \ldots, a_m)$ を x の**下位のデータ**という。
- $(a_{m+2}, \ldots, a_{2m+1})$ を x の**上位のデータ**という。

(2) n が偶数のとき，ある自然数 m を用いて $n = 2m$ と書いたとき

$$\underbrace{a_1 \leqq \cdots \leqq a_m}_{\substack{m\ \text{個のデータが}\\\text{並んでいる。}}} \leqq \underbrace{a_{m+1} \leqq \cdots \leqq a_{2m}}_{\substack{m\ \text{個のデータが}\\\text{並んでいる。}}}$$

という並びをしている。このとき

- $Q_2(x) = \dfrac{a_m + a_{m+1}}{2}$ と定め，x の**中央値** (median) とよぶ。
- $(a_1, \ldots, a_m)$ を x の**下位のデータ**という。
- $(a_{m+1}, \ldots, a_{2m})$ を x の**上位のデータ**という。

(3) x の下位のデータの中央値を**第 1 四分位数** (the first quartile) とよび，
$Q_1(x)$ で表す。

(4) x の上位のデータの中央値を**第3四分位数** (the third quartile) とよび，
$Q_3(x)$ で表す。

(5) x の最小値と最大値をそれぞれ $Q_0(x)$, $Q_4(x)$ で表す。

第1四分位数や第3四分位数といった名前に倣(なら)って，中央値 $Q_2(x)$ は**第2四分位数** (the second quartile) ともよばれる。

1次元データ x に対して，その第 1, 2, 3 四分位数や平均値などは，x の**代表値**とよばれる。

注意: 四分位数の定義について

四分位数の定義については，上で紹介したように下位のデータ・上位のデータをいう用語を経由せずに，データの個数 n に対して $\frac{1}{4}n$, $\frac{2}{4}n$, $\frac{3}{4}n$ (小数になった場合は切り上げ) 番目に小さいデータをそれぞれ第 1, 2, 3 四分位数とよぶこともある (他にも，本当に様々な流儀があります)。この定義を採用すると，上で紹介したものと微妙に異なってくるものの，データが大量にあるときは同じような値になる。気になるほどの差ではないとはいえ，アプリなどを用いて四分位数を計算するときには，四分位数の定義について微妙な差異があることを念頭におかないと，意図したものと異なる結果を生じることがあるため，注意が必要となる。本書では，定義 1.3 に準拠して四分位数を扱う。

要点: 中央値と平均値がデータから受けるペナルティ (証明: **p. 52**)

1次元データ $x = (x_1, x_2, \ldots, x_n)$ に対して以下が成り立つ。

(1) $L_1(a) = \dfrac{1}{n} \displaystyle\sum_{i=1}^{n} |x_i - a|$ は $a = Q_2(x)$ (x の中央値) において最小値をとる。

(2) $L_2(a) = \dfrac{1}{n} \displaystyle\sum_{i=1}^{n} (x_i - a)^2$ は $a = \overline{x}$ (x の平均値) において最小値をとる。

つまり，数値 a に対するペナルティの与え方として $L_1(a)$ を選んだ人は，データ $x = (x_1, x_2, \ldots, x_n)$ の "およその位置" は $a = Q_2(x)$ であると考え，$L_2(a)$ を選んだ人は，x の "およその位置" は $a = \overline{x}$ であると考えることになる。

例 題　中央値と平均値の計算

以下の 1 次元データ x の中央値 $Q_2(x)$ と平均値 $\overline{x}$ を求めよ。

$$x = (\ \ 34, \ \ 109, \ \ 7, \ \ 52, \ \ 13\ \ )$$

また，ペナルティ $L_1(a)$ と $L_2(a)$ の最小値をそれぞれ求めよ。

Point:

中央値の計算 $\Rightarrow$ データの個数の偶奇で場合分け。

平均値の計算 $\Rightarrow$ 全てのデータを足し合わせたのち，足し合わせた個数 (= データの個数) で割る。

解答例

1 次元データ $x = (34, 109, 7, 52, 13)$ を小さい順に並べると

$$7, \ \ 13, \ \ 34, \ \ 52, \ \ 109$$

となる。データの個数は 5 個 (つまり奇数個) だから，この真ん中に位置する 34 が x の中央値である。よって $Q_2(x) = \mathbf{34}$. 一方で，平均値は全てのデータを足し合わせたのち，データの個数 (= 5) で割ればよいから

$$\overline{x} = \frac{1}{5}(34 + 109 + 7 + 52 + 13) = \mathbf{43}.$$

p. 11 の要点によると，ペナルティ $L_1(a)$ は $a = Q_2(x) = 34$ のときに最小値をとるのだから，$L_1(a)$ の最小値は

$$L_1(34) = \frac{|34 - 34| + |109 - 34| + |7 - 34| + |52 - 34| + |13 - 34|}{5}$$

$$= \frac{0 + 75 + 27 + 18 + 21}{5} = \frac{141}{5} = \mathbf{28.2}$$

である。一方で $L_2(a)$ は $a = \overline{x} = 43$ のときに最小値をとるのだから, $L_2(a)$

の最小値は

$$L_2(43) = \frac{(34-43)^2 + (109-43)^2 + (7-43)^2 + (52-43)^2 + (13-43)^2}{5}$$

$$= \frac{9^2 + 66^2 + 36^2 + 9^2 + 30^2}{5}$$

$$= \frac{81 + 4356 + 1296 + 81 + 900}{5} = \frac{6714}{5} = \mathbf{1342.8}.$$

ペナルティ $L_1(a)$ のグラフを描いてみると，次のような折れ線

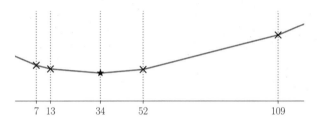

となり，$a = Q_2(x) = 34$ のときに最小値をとっていることが確認できる。

一方でペナルティ $L_2(a)$ のグラフを描いてみると，2 次関数

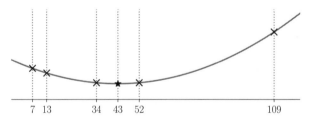

となり，$a = \overline{x} = 43$ のときに最小値をとっていることが確認できる。

【演習問題 **1.4**】〈解答: **p. 194**〉

1 次元データ $x = (5, 2, -3, 8)$ の中央値 $Q_2(x)$ と平均値 $\overline{x}$ を求め，それぞれが演習問題 1.3 (**p. 9**)–(1), (2) の関数の最小値を与えることを確認せよ。

1.2.3　データの整理 1—データが「"およそ" の位置」の他にもつ情報

1 次元データ $x = (x_1, x_2, \ldots, x_n)$ がもつ「"およそ"
の位置」$\bar{x}$ 以外の情報はどのように引き出すことができ
るだろうか。例えば，右のようにこの 1 次元データを
表にしてまとめることができるが，n がとても大きくな
ると表が長くなりすぎて見にくくなる。

データ番号	データの値
1	x_1
2	x_2
$\vdots$	$\vdots$
n	x_n

定義 1.4〈データの整理術 1〉

1 次元データ $x = (x_1, x_2, \ldots, x_n)$ と，

$$a_0 < a_1 < a_2 < \cdots < a_b$$

をみたす数列 $(a_0, a_1, \ldots, a_b)$ が与えられたとする。各 $k = 1, 2, \ldots, b$ に対して，

(1) データの値が a_{k-1} 以上 a_k 未満 (ただし，最後の $k = b$ の場合のみ a_{b-1} 以上
a_b 以下) であるようなデータ番号を全て集めた集合を C_k と表し，**階級**
(**class**) とよぶ。(各階級にはデータ番号が格納されています。) 階級 C_k を表
すことを意図して "$a_{k-1} \overset{\text{から}}{\sim} a_k$" と書くこともある。

— 例えば，あるテストについてデータ x_i が学生 i の得点を表すとき，$a_k =$
$10(k+1)$ ととると，階級 C_3 は得点が $30 (= a_2)$ 以上 $40 (= a_3)$ 未満の学
生全体，つまり 30 点台をとった学生全体と表すことになります。

(2) 階級 C_k に属するデータ番号の個数を $\#C_k$ (**number of** C_k と読む) で表
し，これを階級 C_k の**度数** (**frequency**) とよぶ。

(3) $a_k - a_{k-1}$ を階級 C_k の**階級幅** (**class width**)
という。

(4) 各階級とその度数を右のようにまとめたも
のを**度数分布表** (**frequency distribution table**)
という。

階　級	度数
$a_0 \sim a_1$	$\#C_1$
$a_1 \sim a_2$	$\#C_2$
$\vdots$	$\vdots$
$a_{b-1} \sim a_b$	$\#C_b$

(5) 横軸に階級，縦軸に度数をとり，
　　各階級の度数を棒<ruby>棒<rt>ぼう</rt></ruby>グラフで表した
　　ものを**ヒストグラム** (**histogram**)
　　という。それぞれの棒 (もしく
　　は，棒の底辺が表す区間) を**ビン**
　　(**bin**) という。

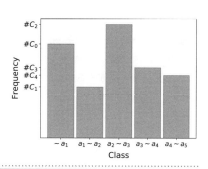

1 次元データ $x = (x_1, x_2, \ldots, x_n)$ に対して数列 $(a_0, a_1, \ldots, a_b)$ が

$$a_0 < \underbrace{Q_0(x)}_{x \text{ の最小値}} \quad \text{と} \quad \underbrace{Q_4(x)}_{x \text{ の最大値}} \leqq a_b$$

をみたすように選ばれている場合，各データ $x_1, x_2, \ldots, x_n$ は上記の階級 $C_1, C_2,$
$\ldots, C_b$ のうちのどれか一つだけに必ず属していることになる。ゆえにこの場合は

$$\underbrace{\#C_1}_{\substack{\text{階級 } C_1 \text{ に属す} \\ \text{データの個数}}} + \underbrace{\#C_2}_{\substack{\text{階級 } C_2 \text{ に属す} \\ \text{データの個数}}} + \cdots + \underbrace{\#C_b}_{\substack{\text{階級 } C_b \text{ に属す} \\ \text{データの個数}}} = \underbrace{n}_{\substack{\text{全体のデータ} \\ \text{の個数}}}$$

が成り立つ。

 階 級 値

各階級 C_k を "代表する" 数値を**階級値**<ruby>階級値<rt>かいきゅうち</rt></ruby>とよぶ。これは文脈に応じて様々である。

(1) 階級 C_k は a_{k-1} と a_k の二値<ruby>二値<rt>にち</rt></ruby>だけで決まるから，その平均値 $\dfrac{a_{k-1} + a_k}{2}$ はこ
　　の階級を "代表している" と考えられる。

(2) 10 点満点のテストをしたとき (ただし点数は非負の整数値)，$a_k = k + 1$ とおくと
　　階級 C_k は k $(= a_{k-1})$ 点以上 $(k + 1)$ $(= a_k)$ 点未満の人全体を表す。つまり
　　階級 C_k は k 点をとった人全体であるので，この階級値を $\dfrac{a_{k-1} + a_k}{2} = k + \dfrac{1}{2}$
　　とするよりは単純に k としたほうがわかりやすい。

階級値のとり方は状況により様々だが，データを見せられる人にとってわかりやす
く選ぶのが好ましい。最大の度数をもつ階級の階級値は**最頻値**<ruby>最頻値<rt>さいひんち</rt></ruby> (**mode**) とよばれる。

例	題	データの整理

次のデータは，あるクラスの男子学生 90 人の身長 (cm) を測って得られた 1 次元データ $x = (x_1, x_2, \ldots, x_{90})$ を並べたものである。

169.2	158.4	170.6	169.0	167.4	172.3	174.1	154.5	163.4
182.4	173.2	168.1	167.5	172.4	173.1	169.5	165.3	167.9
162.7	171.0	173.2	165.0	180.3	148.7	166.5	170.7	165.4
169.4	165.3	168.6	172.3	167.8	169.8	165.3	181.0	166.6
173.2	171.1	158.7	168.5	168.2	170.8	172.1	157.8	168.3
169.1	153.4	173.4	161.4	167.5	173.1	167.3	179.2	161.2
181.6	167.7	162.1	153.7	191.0	165.5	169.6	163.4	174.5
165.5	167.3	170.5	177.9	169.9	168.4	178.2	165.6	170.4
164.8	175.3	170.3	169.8	151.8	171.3	165.7	160.3	165.1
176.3	170.0	165.7	167.0	191.3	163.8	183.4	177.1	168.3

このとき，次の度数分布表を完成させて，対応するヒストグラムを描け。

階　級	度数
$147.5 \sim 150.0$	
$150.0 \sim 152.5$	
$152.5 \sim 155.0$	
$155.0 \sim 157.5$	
$157.5 \sim 160.0$	
$160.0 \sim 162.5$	
$162.5 \sim 165.0$	
$165.0 \sim 167.5$	
$167.5 \sim 170.0$	

階　級	度数
$170.0 \sim 172.5$	
$172.5 \sim 175.0$	
$175.0 \sim 177.5$	
$177.5 \sim 180.0$	
$180.0 \sim 182.5$	
$182.5 \sim 185.0$	
$185.0 \sim 187.5$	
$187.5 \sim 190.0$	
$190.0 \sim 192.5$	

解答例

データ 165 は階級 162.5 ~ 165.0 ではなく，階級 165.0 ~ 167.5 に属することなどに注意して，注意深くデータを数えて度数分布表を作ると

階 級	度数
147.5 ~ 150.0	1
150.0 ~ 152.5	1
152.5 ~ 155.0	3
155.0 ~ 157.5	0
157.5 ~ 160.0	3
160.0 ~ 162.5	4
162.5 ~ 165.0	5
165.0 ~ 167.5	17
167.5 ~ 170.0	21

階 級	度数
170.0 ~ 172.5	14
172.5 ~ 175.0	8
175.0 ~ 177.5	3
177.5 ~ 180.0	3
180.0 ~ 182.5	4
182.5 ~ 185.0	1
185.0 ~ 187.5	0
187.5 ~ 190.0	0
190.0 ~ 192.5	2

となる。各階級の度数を全て足し合わせると，確かに 90 になっている。この度数分布表をもとにヒストグラムを描くと，次のようになる。

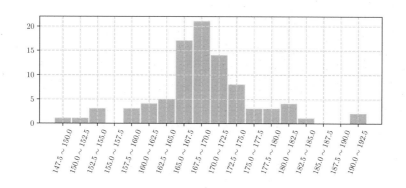

例 題 簡易的な平均値

ある地域に住む n 人の中学生を対象に英語のテスト (100 点満点) を実施したところ，その得点がなす 1 次元データ $x = (x_1, x_2, \ldots, x_n)$ に対する度数分布表は右のようになったという。

(1) n の値を求めよ。

(2) x の平均値 $\bar{x}$ の値を見積もれ。

(3) 上で見積もった $\bar{x}$ の値の精度について考察せよ。

階 級	度数
$0 \sim 10$	3
$10 \sim 20$	15
$20 \sim 30$	13
$30 \sim 40$	42
$40 \sim 50$	38
$50 \sim 60$	78
$60 \sim 70$	83
$70 \sim 80$	56
$80 \sim 90$	23
$90 \sim 100$	19

Point: 簡易的な平均値の導出

生のデータが参照できないけれど平均値が知りたい。 $\Rightarrow$ 全てのデータの値は，それぞれが属する階級の階級値と同じと考えて簡易的な平均値で見積もる!

$$\left(\begin{array}{c}\text{簡易的な}\\\text{平均値}\end{array}\right) = \frac{\displaystyle\sum_{\text{各階級}} (\text{階級値}) \times (\text{階級の度数})}{\displaystyle\sum_{\text{各階級}} (\text{階級の度数})}$$

解答例

(1) このテストは 100 点満点であるから，この度数分布表は全てのデータを漏れなく反映したものになっている。(最後の階級は **90** 点以上 **100** 点以下を表すことに注意!) したがって，n の値は全ての階級にわたって度数を足し合わせたものに等しい。ゆえに

$$n = 3 + 15 + 13 + 42 + 38 + 78 + 83 + 56 + 23 + 19 = \mathbf{370}.$$

(2) 階級 $a \sim b$ の階級値を $\dfrac{a+b}{2}$ でとれば,

(簡易的な平均値)

$$= \frac{\left(\begin{array}{l} 5 \times 3 + 15 \times 15 + 25 \times 13 + 35 \times 42 + 45 \times 38 \\ \quad + 55 \times 78 + 65 \times 83 + 75 \times 56 + 85 \times 23 + 95 \times 19 \end{array} \right)}{370}$$

$$= \frac{15 + 225 + 325 + 1470 + 1710 + 4290 + 5395 + 4200 + 1955 + 1805}{370}$$

$$= \frac{21390}{370} \fallingdotseq \mathbf{57.8}.$$

(3) 階級 $a \sim b$ にデータ x_i が属するとき, $a \leqq x_i \leqq b$ が成り立つから, このデータ x_i を階級値 $\dfrac{a+b}{2}$ と見積もったときの誤差の大きさは $\left| \dfrac{a+b}{2} - x_i \right| \leqq \dfrac{b-a}{2}$, つまり高々 $\dfrac{b-a}{2}$ である。これを各データに関して総和をとれば

$\left| \overline{x} - (\text{簡易的な平均値}) \right|$

$$\leqq \frac{\left(\begin{array}{l} \dfrac{10-0}{2} \times 3 + \dfrac{20-10}{2} \times 15 + \dfrac{30-20}{2} \times 13 + \dfrac{40-30}{2} \times 42 \\ \quad + \dfrac{50-40}{2} \times 38 + \dfrac{60-50}{2} \times 78 + \dfrac{70-60}{2} \times 83 \\ \quad + \dfrac{80-70}{2} \times 56 + \dfrac{90-80}{2} \times 23 + \dfrac{100-90}{2} \times 19 \end{array} \right)}{370}$$

$$= \frac{5 \times (3 + 15 + 13 + 42 + 38 + 78 + 83 + 56 + 23 + 19)}{370} = 5.$$

ゆえに, 高々 5 (= 階級幅の半分) の誤差を許せば, 簡易的な平均値は平均値 $\overline{x}$ を言い当てていることになる。

【演習問題 1.5】〈解答例: p. 194〉

次のデータは，あるテストの 60 人の成績である。

59	61	50	61	69	38	47	64	82	78
47	47	11	49	76	56	48	29	56	60
61	61	55	58	88	52	70	13	73	45
65	72	46	38	33	59	20	71	61	8
40	44	36	28	29	50	26	46	31	23
32	47	37	48	10	14	54	52	48	51

このとき，次の問いに答えよ。

(1) 次の度数分布表を完成させ，対応するヒストグラムを作成せよ。

階　級	度数
0 以上 10 未満	
10 以上 20 未満	
20 以上 30 未満	
30 以上 40 未満	
40 以上 50 未満	
50 以上 60 未満	
60 以上 70 未満	
70 以上 80 未満	
80 以上 90 未満	
90 以上 100 未満	

(2) 中央値と第 1 四分位数，第 3 四分位数を求めよ。

【演習問題 1.6】〈解答例: **p. 195**〉

ある地域の学生を対象に 100 点満点のテストを実施したところ，学生の得点について，次の度数分布表が得られた。

階　　級	度数
$0 \sim 10$	5
$10 \sim 20$	9
$20 \sim 30$	10
$30 \sim 40$	7
$40 \sim 50$	12
$50 \sim 60$	18
$60 \sim 70$	9
$70 \sim 80$	17
$80 \sim 90$	8
$90 \sim 100$	5

このとき，次の問いに答えよ。

(1) この度数分布表から平均値を見積もれ。

(2) 中央値，第 1 四分位数，第 3 四分位数はそれぞれどの階級に属しているか?

1.2.4 データの整理 2

定義 1.5 〈データの整理術 2〉 ....

1 次元データ $x = (x_1, x_2, \ldots, x_n)$ の最小値 $Q_0(x)$，第 1 四分位数 $Q_1(x)$，中央値 $Q_2(x)$，第 3 四分位数 $Q_3(x)$，最大値 $Q_4(x)$ からなる 5 つの値を次のように表現したものを**箱ひげ図** (box plot, box and whisker plot) という。

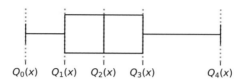

また，図全体の幅 $Q_4(x) - Q_0(x)$ を**範囲** (range)，箱の幅 $Q_3(x) - Q_1(x)$ を**四分位範囲** (interquartile range, IQR) という。

....

　四分位範囲は，全データのうち中央にある半分のデータが分布している範囲となる。箱ひげ図を描くということは，1 次元データ x の様子を $Q_0(x), Q_1(x), Q_2(x), Q_3(x),$ $Q_4(x)$ の 5 つの数で捉えようとすることであり，このことを**五数要約** (five-number summary) という。

例 題　度数分布表と箱ひげ図の作成

===

以下の 1 次元データは，2015 年 (平成 27 年) の都道府県別人口 (単位: 千人) を並べたものである。

5,381	1,308	1,279	2,333	1,023	1,123	1,914	2,916
1,974	1,973	7,266	6,222	13,515	9,126	2,304	834
2,098	2,031	3,700	7,483	1,815	1,066	1,154	786
1,412	2,610	8,839	5,534	1,364	963	573	694
1,921	2,843	1,404	755	976	1,385	728	5,101
832	1,377	1,786	1,166	1,104	1,648	1,433	

このとき，次の度数分布表を完成させて，対応する箱ひげ図を描け。

階　級	度数
500 ∼ 1000	
1000 ∼ 1500	
1500 ∼ 2000	
2000 ∼ 5000	
5000 ∼ 14000	

🗖　**Point:** 箱ひげ図の作成のための手順

1 次元データ x に関する　　　　データの最小値，最大値，中央値 $Q_2(x)$,
　箱ひげ図の作成　　⇒　第 1 四分位数 $Q_1(x)$, 第 3 四分位数 $Q_3(x)$ を計算!

解答例

度数分布表は右のようになる。また，上の
1 次元データを小さい順に $x_1, x_2, \ldots, x_{47}$ と
すると，最小値と最大値はそれぞれ

階　級	度数
500 ∼ 1000	9
1000 ∼ 1500	14
1500 ∼ 2000	7
2000 ∼ 5000	8
5000 ∼ 14000	9

$$Q_0(x) = x_1 = 573,$$
$$Q_4(x) = x_{47} = 13515$$

であることがわかる。この 1 次元データは

$$\underbrace{x_1 \leqq \cdots \leqq x_{23}}_{\substack{23\ 個のデータが \\ 並んでいる。}} \leqq x_{24} \leqq \underbrace{x_{25} \leqq \cdots \leqq x_{47}}_{\substack{23\ 個のデータが \\ 並んでいる。}}$$

のように並んでいるから，この 1 次元データ x の中央値は x_{24} である。
このデータが，度数分布表内のどの階級に属するのかを調べよう。

$$\begin{pmatrix} 階級\ 500 \sim 1000 \\ の度数 \end{pmatrix} + \begin{pmatrix} 階級\ 1000 \sim 1500 \\ の度数 \end{pmatrix} = 9 + 14 = 23$$

となっているから，この2つの階級に $x_1, x_2, \ldots, x_{23}$ が格納されており，ゆえに x_{24} は階級 $1500 \sim 2000$ に格納されたデータの最小値である。そこでこの階級に格納されたデータを洗い出すと，次の網掛けの部分になる。

5,381	1,308	1,279	2,333	1,023	1,123	1,914	2,916
1,974	1,973	7,266	6,222	13,515	9,126	2,304	834
2,098	2,031	3,700	7,483	1,815	1,066	1,154	786
1,412	2,610	8,839	5,534	1,364	963	573	694
1,921	2,843	1,404	755	976	1,385	728	5,101
832	1,377	1,786	1,166	1,104	1,648	1,433	

ゆえに $Q_2(x) = x_{24} = 1648$ である。

次に，下位のデータの並びは

$$\underbrace{x_1 \leqq \cdots \leqq x_{11}}_{11\ 個のデータが並んでいる。} \leqq x_{12} \leqq \underbrace{x_{13} \leqq \cdots \leqq x_{23}}_{11\ 個のデータが並んでいる。}$$

だから，第1四分位数は $Q_1(x) = x_{12}$ である。階級 $500 \sim 1000$ にはデータ $x_1, x_2, \ldots, x_9$ が格納されているから，次の階級 $1000 \sim 1500$ に格納された3番目に小さいデータが x_{12} である。この階級に属するデータは，次の網掛けの部分になる。

5,381	1,308	1,279	2,333	1,023	1,123	1,914	2,916
1,974	1,973	7,266	6,222	13,515	9,126	2,304	834
2,098	2,031	3,700	7,483	1,815	1,066	1,154	786
1,412	2,610	8,839	5,534	1,364	963	573	694
1,921	2,843	1,404	755	976	1,385	728	5,101
832	1,377	1,786	1,166	1,104	1,648	1,433	

この中で3番目に小さいのは1104である。ゆえに $Q_1(x) = x_{12} = 1104$ である。

さらに，上位のデータの並びは

$$\underbrace{x_{25} \leqq \cdots \leqq x_{35}}_{\text{11 個のデータが}\atop\text{並んでいる。}} \leqq x_{36} \leqq \underbrace{x_{37} \leqq \cdots \leqq x_{47}}_{\text{11 個のデータが}\atop\text{並んでいる。}}$$

だから，第 3 四分位数は $Q_3(x) = x_{36}$ である。階級 5000 〜 14000 には 9 個データ $x_{39}, x_{40}, \ldots, x_{47}$ が格納されているから，1 つ前の階級 2000 〜 5000 に格納された 3 番目に大きいデータが x_{36} となる。この階級に属するデータを列挙すると，次の網掛けの部分になる。

5,381	1,308	1,279	2,333	1,023	1,123	1,914	2,916
1,974	1,973	7,266	6,222	13,515	9,126	2,304	834
2,098	2,031	3,700	7,483	1,815	1,066	1,154	786
1,412	2,610	8,839	5,534	1,364	963	573	694
1,921	2,843	1,404	755	976	1,385	728	5,101
832	1,377	1,786	1,166	1,104	1,648	1,433	

この中で 3 番目に大きいデータは 2843 だから，$Q_4(x) = x_{36} = 2843$ である。

以上から，

$$Q_0(x) = 573, \quad Q_1(x) = 1104, \quad Q_2(x) = 1648,$$
$$Q_3(x) = 2843, \quad Q_4(x) = 13515$$

であり，対応する箱ひげ図を描くと次のようになる。

【演習問題 1.7】〈解答: p. 196〉

次の箱ひげ図 a, b, c はどれも 0 から 50 までの値からなる 3 つの 1 次元データに関するものであり，それぞれ以下の (1), (2), (3) の度数分布表のどれかに対応しているという。

$a.$

$b.$

$c.$

(1)

階　級	度数
0 ～ 10	10
10 ～ 20	12
20 ～ 30	13
30 ～ 40	9
40 ～ 50	6

(2)

階　級	度数
0 ～ 10	50
10 ～ 20	7
20 ～ 30	12
30 ～ 40	14
40 ～ 50	67

(3)

階　級	度数
0 ～ 10	0
10 ～ 20	7
20 ～ 30	12
30 ～ 40	14
40 ～ 50	67

このとき，箱ひげ図 a, b, c はそれぞれ度数分布表 (1), (2), (3) のどれに対応しているか?

1.2.5 ヒストグラムから箱ひげ図を作ってみよう!

1 次元データ $x = (x_1, x_2, \ldots, x_n)$ そのものではなく,その (階級幅が一定で細かく階級分けされている) ヒストグラムのみがわかっているとき,対応する箱ひげ図を大雑把に描く方法を考えてみよう。

箱ひげ図を描くには,最小値 $Q_0(x)$,第 1 四分位数 $Q_1(x)$,中央値 $Q_2(x)$,第 3 四分位数 $Q_3(x)$,最大値 $Q_4(x)$ の 5 つの値がわかればよいのであった。そこでこれらの値をヒストグラムから見積もる方法を考えればよい。ヒストグラムの各階級における各ビンの高さは,その階級の度数を表すのだった。ゆえに階級幅を h とすると,

$$\begin{pmatrix} \text{(各階級の度数)} \times h \text{ を} \\ \text{全ての階級にわたって} \\ \text{足し合わせたもの} \end{pmatrix} = \text{(ヒストグラムの面積)}$$

となるから,逆にヒストグラムを面積が等しくなるように縦に分割すれば,分割されたそれぞれに属しているデータの個数がおよそ等しいということになる。

そこでヒストグラムから対応する箱ひげ図を "目算で大雑把に" 描く方法が以下のようにして考えられる。例えば,次のようなヒストグラムが与えられたとする。

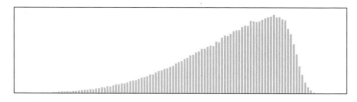

このとき,次の手順で大雑把に箱ひげ図を作成する。

1. ヒストグラム左端と右端が,データの最小値と最大値を大雑把に与えると考えて $Q_0(x)$ と $Q_4(x)$ のおよその位置に見当をつける。

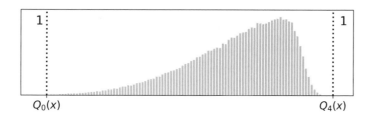

2. ヒストグラムの面積を半分にするような縦線を目算で引き，横軸に下ろした点を $Q_2(x)$ とする。

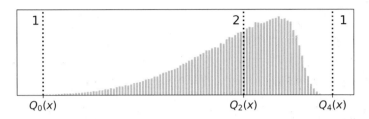

3. 二分されたそれぞれの面積をまた半分にするような縦線を目算で引き，横軸に下ろした点を左から $Q_1(x)$, $Q_3(x)$ とする。

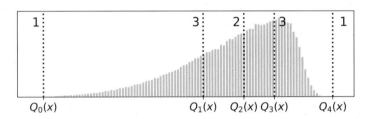

4. これで，$Q_0(x), Q_1(x), Q_2(x), Q_3(x), Q_4(x)$ の大雑把な位置がわかったので，対応する箱ひげ図を次のように描くことができる。

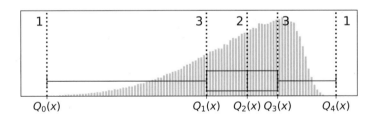

　ヒストグラムに比べて，五数要約を視覚化した箱ひげ図は，それがもつ情報の量が圧倒的に少ない。上の方法を念頭におけば，たった 5 つの数の位置関係を表す箱ひげ図のみを見せられたとき，大もとのヒストグラムとして的外れな見当づけを避けることができる。

例 題   ヒストグラムから箱ひげ図を作成してそれらの関係を探ろう

次のヒストグラムに対応する箱ひげ図を大雑把に描き，その特徴について考
察せよ。

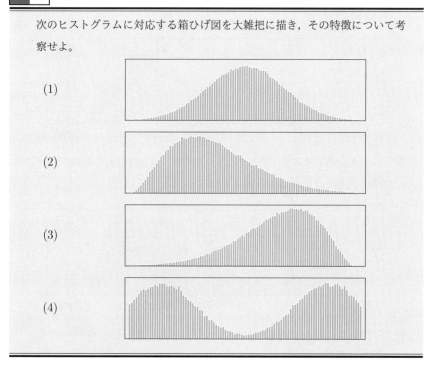

(1)

(2)

(3)

(4)

🔲   **Point:** 箱ひげ図を描いたときの箱の位置とひげの長さに注目！

解答例

(1)

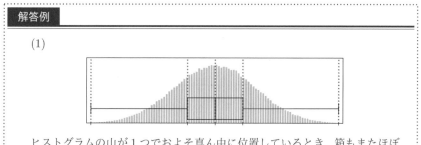

ヒストグラムの山が1つでおよそ真ん中に位置しているとき，箱もまたほぼ
真ん中に位置し，両ひげはおよそ同じ長さになっている。

(2)

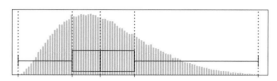

ヒストグラムの山が 1 つで左側に位置しているとき，箱も左側にずれる。そのため右ひげが左ひげに比べて長くなっている。

(3)

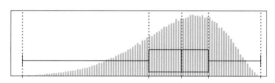

ヒストグラムの山が 1 つで右側に位置しているとき，箱も右側にずれる。そのため左ひげが右ひげに比べて長くなっている。

(4)

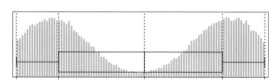

ヒストグラムの山が 2 つで両側に寄っているとき，箱が長くなっている。そのため両ひげが短くなっている。

───── 【演習問題 1.8】〈解答: p. 196〉─────

次のヒストグラムに対応する箱ひげ図を描け。

1.2.6 中央値と平均値のもつ性質の比較

1 次元データ $x = (x_1, x_2, \ldots, x_n)$ (ただし $n \geqq 3$) に 1 個のデータ x_* を付け加えると,新たな 1 次元データ $x' = (x_1, x_2, \ldots, x_n, x_*)$ が得られる。このとき「$Q_2(x)$ と $Q_2(x')$ の大小」と「$\overline{x}$ と $\overline{x'}$ の大小」について考察してみよう。

✏️ **中央値の頑健性**

極端な場合をみるために,付け加えるデータ x_* が x の最大値を超える場合を考える。もとの 1 次元データ $x = (x_1, x_2, \ldots, x_n)$ を並び替えて次のようになったとする。

$$Q_0(x) = a_1 \leqq a_2 \leqq \cdots \leqq a_n = Q_4(x)$$

n が奇数のとき,ある自然数 m を用いて $n = 2m+1$ と書ける。新しい 1 次元データ x' を小さい順に並べると次のようになる。

$$\underbrace{a_1 \leqq \cdots \leqq a_m \leqq a_{m+1}}_{\substack{(m+1) \text{ 個のデータが} \\ \text{並んでいる。}}} \leqq \underbrace{a_{m+2} \leqq \cdots \leqq a_{2m+1} \leqq x_*}_{\substack{(m+1) \text{ 個のデータが} \\ \text{並んでいる。}}}$$

ゆえに $Q_2(x) = a_{m+1} \leqq \dfrac{a_{m+1} + a_{m+2}}{2} = Q_2(x')$ となるが,その変動

$$Q_2(x') - Q_2(x) = \frac{a_{m+1} + a_{m+2}}{2} - a_{m+1} = \frac{a_{m+2} - a_{m+1}}{2}$$

は付け加えた大きなデータ x_* には依らない。

n が偶数のとき,ある自然数 m を用いて $n = 2m$ と書ける。新しい 1 次元データ x' を小さい順に並べると次のようになる。

$$\underbrace{a_1 \leqq \cdots \leqq a_m}_{\substack{m \text{ 個のデータが} \\ \text{並んでいる。}}} \leqq a_{m+1} \leqq \underbrace{a_{m+2} \leqq \cdots \leqq a_{2m} \leqq x_*}_{\substack{m \text{ 個のデータが} \\ \text{並んでいる。}}}$$

ゆえに $Q_2(x) = \dfrac{a_m + a_{m+1}}{2} \leqq a_{m+1} = Q_2(x')$ となるが,その変動

$$Q_2(x') - Q_2(x) = a_{m+1} - \frac{a_m + a_{m+1}}{2} = \frac{a_{m+1} - a_m}{2}$$

はやはり付け加えた大きなデータ x_* には依らない。

データの値が大きい順に順位がついているとして，上のことを順位の言葉でいい直してみよう。現在の中央値が k 位のとき，値の大きなデータが加わるとそのデータは $k+1$ 位となる。新たな中央値はいわば "$(k+0.5)$ 位" のデータとなるので，現在の中央値より "0.5 位" 上のデータが新しい中央値となるのである。

$Q_0(x)$ を下回るような極端に小さなデータ x_* を付け加える場合も同様に，中央値の変動は x_* には依らない。つまり，もとのデータから極端に離れた新たなデータ (**外れ値という**) を **1 つ付け加えたときの中央値の変動はもとのデータ $x = (x_1, x_2, \ldots, x_n)$ だけから決まってしまい，付け加えた新たなデータから大きな影響は受けないのである**。このことを，「中央値は外れ値に対して**頑健性** (robustness) がある」という。

平均値のブレやすさ

一方で，平均値の変動は次のようになる。

$$\overline{x'} - \overline{x} = \frac{\left(\displaystyle\sum_{i=1}^{n} x_i\right) + x_*}{n+1} - \overline{x} = \frac{n\overline{x} + x_*}{n+1} - \overline{x} = \frac{x_* - \overline{x}}{n+1}$$

ゆえに，付け加えた x_* が極端に (大き/小さ) ければ新しい平均値 $\overline{x'}$ の値も (大きく/小さく) なる。平均値の変動は，付け加えたデータ x_* の値に左右されるのである。

参考: こんなところに使われます

一部の富裕層が平均年収をつり上げてしまうような貧富の差が激しい国の生活水準を推し測るために，データの "幹" となる部分を捉えたい場合には，中央値が用いられる。また，**ロンドン銀行間取引金利** (**LIBOR**) の算出では，突出した業績に惑わされないようにしたい一方でデータの幹となる部分の業績の変化を反映させるために，各銀行の提示する金利のうち，上下 25% を除いた残りの 50% の平均値 (**25% 刈り込み平均** (**trimmed mean**) とよばれます) が用いられてきた。他にも，データ番号が位置情報を表すようなデータを扱う場合には，位置の近いところどうしのデータの最大値を考えることでデータの特徴を際立たせる工夫をすることがある。このアイデアは「深層学習」などの機械学習の手法において，MaxPooling 層のなかで用いられている。

> ## 例 題　中央値と平均値の比較
>
> 次の 1 次元データ x に対して，その平均値 $\overline{x}$ と中央値 $Q_2(x)$ を計算せよ。その後，x_* で示された値を x に追加してできる新たな 1 次元データ x' の平均値 $\overline{x'}$ と中央値 $Q_2(x')$ を計算し，比較せよ。
>
> (1) $x = (2, 3, 5, 2, 0, 1, 3, 4)$, $x_* = 30$.
>
> (2) $x = (82, 109, 90, 101, 84, 119, 95)$, $x_* = 4$.

解答例

(1) 1 次元データ $x = (2, 3, 5, 2, 0, 1, 3, 4)$ の平均値は

$$\overline{x} = \frac{2 + 3 + 5 + 2 + 0 + 1 + 3 + 4}{8} = \mathbf{2.5}$$

である。一方でこの 1 次元データを小さい順に並び替えると

$$\underbrace{0,\ 1,\ 2,\ \mathbf{2},}_{4\ 個}\ \underbrace{\mathbf{3},\ 3,\ 4,\ 5}_{4\ 個}\quad だから\quad Q_2(x) = \frac{2 + 3}{2} = \mathbf{2.5}.$$

この 1 次元データ x に $x_* = 30$ を追加した新たな 1 次元データ $x' = (2, 3, 5, 2, 0, 1, 3, 4, 30)$ の平均値は

$$\overline{x'} = \frac{2 + 3 + 5 + 2 + 0 + 1 + 3 + 4 + 30}{9} \fallingdotseq \mathbf{5.6}$$

であり，x' を小さい順に並び替えると

$$\underbrace{0,\ 1,\ 2,\ 2,}_{4\ 個}\ 3,\ \underbrace{3,\ 4,\ 5,\ 30}_{4\ 個}\quad だから\quad Q_2(x') = \mathbf{3}.$$

以上から，

$$Q_2(x') - Q_2(x) = 3 - 2.5 = 0.5, \qquad \overline{x'} - \overline{x} \fallingdotseq 5.6 - 2.5 = 3.1$$

となり, 中央値の変動の大きさ $|0.5| = 0.5$ よりも, 平均値の変動 $|3.1| = 3.1$ のほうが大きい。

(2) $x = (82, 109, 90, 101, 84, 119, 95)$ の平均値は

$$\overline{x} = \frac{82 + 109 + 90 + 101 + 84 + 119 + 95}{7} = \frac{\mathbf{680}}{\mathbf{7}} \fallingdotseq 97.1$$

であり, x を小さい順に並べると

$$\underbrace{82, \quad 84, \quad 90,}_{3 \text{ 個}} \quad \mathbf{95}, \quad \underbrace{101, \quad 109, \quad 119}_{3 \text{ 個}} \quad \text{だから} \quad Q_2(x) = \mathbf{95}.$$

この x に $x_* = 4$ を付け加えた新たな 1 次元データ $x' = (82, 109, 90, 101, 84, 119, 95, 4)$ の平均値は

$$\overline{x'} = \frac{82 + 109 + 90 + 101 + 84 + 119 + 95 + 4}{8} = \frac{684}{8} \fallingdotseq \mathbf{85.5}$$

であり, x' を小さい順に並べると

$$\underbrace{4, \quad 82, \quad 84, \quad \mathbf{90},}_{4 \text{ 個}} \quad \underbrace{\mathbf{95}, \quad 101, \quad 109, \quad 119}_{4 \text{ 個}}$$

だから $Q_2(x') = \dfrac{90 + 95}{2} = \mathbf{92.5}$. 以上から,

$$Q_2(x') - Q_2(x) = 92.5 - 95 = -2.5, \qquad \overline{x'} - \overline{x} \fallingdotseq 85.5 - 97.1 = -11.6$$

となり, 中央値の変動の大きさ $|-2.5| = 2.5$ よりも, 平均値の変動 $|-11.6| = 11.6$ のほうが大きい。

1.2.7 ヒストグラムの形状とデータの代表値の関係

前項で説明した中央値と平均値の性質を山が 1 つのヒストグラムの形状に照らし合わせて説明してみよう。

 ヒストグラムの山が左側に寄っている場合

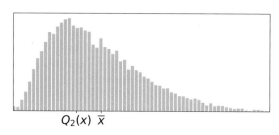

$Q_2(x)$ $\bar{x}$

ヒストグラムの山が 1 つで左側に寄って見えるとき，これは裾野が右側に広がっているように見えるということである。つまり度数は小さいながらも，山の方に固まっているデータたちに対して極端に大きなデータがあるということである。この極端に大きなデータに "引っ張られて" 平均値 $\bar{x}$ は中央値 $Q_2(x)$ よりも大きくなるという傾向がある。

 ヒストグラムの山が右側に寄っている場合

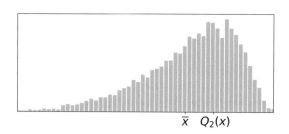

$\bar{x}$ $Q_2(x)$

ヒストグラムの山が 1 つで右側に寄って見えるとき，これは裾野が左側に広がっているように見えるということである。つまり度数は小さいながらも，山の方に固まっているデータたちに対して極端に小さなデータがあるということである。この極端に小さなデータに "引っ張られて" 平均値 $\bar{x}$ は中央値 $Q_2(x)$ よりも小さくなるという傾向がある。

例 題	ヒストグラムの形状で平均値 $\bar{x}$ と中央値 $Q_2(x)$ の大小を推測!

下の図は，それぞれ 10000 個のデータからなる 2 つの 1 次元データ x と y に関するヒストグラムを描いたものである。この 2 つの 1 次元データについて，平均値と中央値の大小をそれぞれ考察せよ。

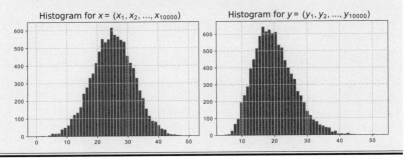

解答例	p. 28 を思い出して，中央値の位置に見当をつけましょう。

1 次元データ x の箱ひげ図は右のようになる。この $Q_2(x)$ の位置の点線を軸に山の形が左右ほぼ対称だから，$Q_2(x)$ より一定の数だけ (大きい/小さい) データの個数がほぼつり合っていることになる。ゆえに，およそ $\bar{x} = Q_2(x)$ であることが期待できる。

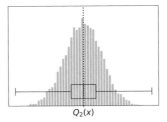

一方で y に対応する箱ひげ図は右のようになる。右ひげが長いので，この $Q_2(y)$ 付近に固まっているデータ (例えば四分位範囲内のデータ) よりも極端に大きなデータが右側の裾野にあることがわかる。この極端に大きなデータに "引っ張られて"，$Q_2(y) < \bar{y}$ となることが期待できる。

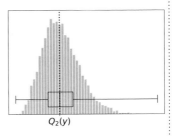

1.2.8 データ分布の形がもつ情報量

1 次元データ $x = (x_1, x_2, \ldots, x_n)$ の各要素から数 a を引いた新たな 1 次元データ

$$y = (\underbrace{x_1 - a}_{\substack{\| \\ y_1 \\ \text{とおく。}}}, \underbrace{x_2 - a}_{\substack{\| \\ y_2 \\ \text{とおく。}}}, \ldots, \underbrace{x_n - a}_{\substack{\| \\ y_n \\ \text{とおく。}}}) = (y_1, y_2, \ldots, y_n)$$

を考えてみよう。このとき，$x_i = y_i + a$ より $(x_i)^2 = (y_i)^2 + 2y_i a + a^2$ であること
を用いると，2 つの 1 次元データ x, y と数 a のあいだに，次の関係があることがわ
かる。

$$\sum_{i=1}^{n}(x_i)^2 = \sum_{i=1}^{n}(y_i)^2 + 2n\overline{y}a + na^2$$

この両辺を n で割った式を，次のように解釈してみる。

$$\underbrace{\frac{1}{n}\sum_{i=1}^{n}(x_i)^2}_{\substack{\text{1 次元データ} \\ x = (x_1, x_2, \ldots, x_n) \\ \text{に関する情報}}} = \underbrace{\frac{1}{n}\sum_{i=1}^{n}(y_i)^2}_{\substack{\text{1 次元データ} \\ y = (y_1, y_2, \ldots, y_n) \\ \text{に関する情報}}} + \underbrace{2\overline{y}\,a}_{\substack{\text{1 次元データ } y \text{ と} \\ \text{数 } a \text{ が “縺れて”} \\ \text{できる情報}}} + \underbrace{a^2}_{\substack{\text{数 } a \text{ に関する} \\ \text{情報}}}$$

$$(1.1)$$

上式右辺の第 2 項，つまり 1 次元データ $y = (y_1, y_2, \ldots, y_n)$ と数 a が縺れて現れ
る部分に注目しよう。これを

$$\overline{y} = \frac{1}{n}\sum_{i=1}^{n}y_i = \frac{1}{n}\sum_{i=1}^{n}(x_i - a)$$

であることを用いて計算すると

$$2\overline{y}a = 2\left\{\frac{1}{n}\sum_{i=1}^{n}(x_i - a)\right\}a = 2(\overline{x} - a)a$$

であるから，この “縺れ” は $a = \overline{x}$ のときにちょうど解けて 0 になることがわかる。

ゆえに $a = \overline{x}$ のときの式 (1.1) は

$$\underbrace{\frac{1}{n}\sum_{i=1}^{n}(x_i)^2}_{\substack{\text{1 次元データ} \\ x = (x_1, x_2, \ldots, x_n) \\ \text{に関する情報}}} = \underbrace{\frac{1}{n}\sum_{i=1}^{n}(x_i - \overline{x})^2}_{\substack{\text{1 次元データ} \\ y = (y_1, y_2, \ldots, y_n) \\ \text{に関する情報}}} + \underbrace{(\overline{x})^2}_{\substack{\text{1 次元データ } x \text{ の} \\ \text{“およそ” の位置 } \overline{x} \\ \text{に関する情報}}} \tag{1.2}$$

となり，この意味で，1 次元データ $x = (x_1, x_2, \ldots, x_n)$ のもつ "情報" を

- ○ 1 次元データ $(x_1 - \overline{x}, x_2 - \overline{x}, \ldots, x_n - \overline{x})$ のもつ情報

  注意: この 1 次元データの平均値をとっても，$\frac{1}{n}\sum_{i=1}^{n}(x_i - \overline{x}) = \overline{x} - \overline{x} = 0$ と
  なるから，たとえ $(x_1, x_2, \ldots, x_n$ の値や $\overline{x}$ の値を知ることなしに) $x_1 - \overline{x}, x_2 -$
  $\overline{x}, \ldots, x_n - \overline{x}$ そのものの値を知っていたとしても，もともとの 1 次元データ x の
  "およそ" の位置 $\overline{x}$ を復元することができません。この意味で，この 1 次元データ
  $(x_1 - \overline{x}, x_2 - \overline{x}, \ldots, x_n - \overline{x})$ には，$\overline{x}$ の情報は "含まれていない" のです。

- ○ 1 次元データ x の "およそ" の位置 $\overline{x}$ がもつ情報

の 2 つに縺れなく分解できるということを示唆している。そこで，式 (1.2) の右辺第
1 項に現れた 1 次元データ $(x_1 - \overline{x}, x_2 - \overline{x}, \ldots, x_n - \overline{x})$ のもつ情報の "量" には，以
下のように名前をつける。

◤ 定義 1.6 〈分散〉

1 次元データ $x = (x_1, x_2, \ldots, x_n)$ に対して $v = \dfrac{1}{n}\sum_{i=1}^{n}(x_i - \overline{x})^2$ を x の**分散**

(**variance**) という。もとになっている 1 次元データが x であることを強調する
ときには，v_x とも表す (s_x^2 と表されることもあります)。

分散 v は非負の数 $(x_i - \overline{x})^2$ を足し合わせて n で割ったものであるから，常に
$v \geqq 0$ が成り立っている。$\sqrt{v}$ を x の**標準偏差** (**standard deviation**) という (s や s_x
とも表されます)。式 (1.2) において $(\overline{x})^2$ を左辺へ移項すれば，次の公式が得られる。

✎ **分散公式:** $v = \dfrac{1}{n}\sum_{i=1}^{n}(x_i)^2 - (\overline{x})^2$

例 題　分散の計算

次の 1 次元データ x の平均と分散を計算せよ。

(1) $x = (1, 4, 8, 2, 9, 6)$

(2) $x = (-3, 2, 13, -11, 8, 2, -4)$

🖿　**Point:** 分散の計算は，まず平均値を計算してから!

解答例

(1)　まず，x の平均値を求めると

$$\overline{x} = \frac{1 + 4 + 8 + 2 + 9 + 6}{6} = \frac{30}{6} = \mathbf{5}$$

だから，

$$v_x = \frac{(1 - \overline{x})^2 + (4 - \overline{x})^2 + (8 - \overline{x})^2 + (2 - \overline{x})^2 + (9 - \overline{x})^2 + (6 - \overline{x})^2}{6}$$

$$= \frac{(1 - 5)^2 + (4 - 5)^2 + (8 - 5)^2 + (2 - 5)^2 + (9 - 5)^2 + (6 - 5)^2}{6}$$

$$= \frac{(-4)^2 + (-1)^2 + 3^2 + (-3)^2 + 4^2 + 1^2}{6}$$

$$= \frac{16 + 1 + 9 + 9 + 16 + 1}{6} = \frac{52}{6} \fallingdotseq \mathbf{8.7}.$$

(2)　x の平均値を求めると

$$\overline{x} = \frac{-3 + 2 + 13 - 11 + 8 + 2 - 4}{7} = \frac{7}{7} = \mathbf{1}$$

となる。ゆえに

$$v_x = \frac{1}{7}\Big\{(-3 - 1)^2 + (2 - 1)^2 + (13 - 1)^2$$

$$+ (-11 - 1)^2 + (8 - 1)^2 + (2 - 1)^2 + (-4 - 1)^2\Big\}$$

$$= \frac{(-4)^2 + 1^2 + 12^2 + (-12)^2 + 7^2 + 1^2 + (-5)^2}{7}$$

$$= \frac{16 + 1 + 144 + 144 + 49 + 1 + 25}{7}$$

$$= \frac{380}{7} \fallingdotseq 54.3.$$

確認のために，分散公式を用いて計算してみると，右の表を参考にして

$$v_x = \frac{387}{7} - 1 \fallingdotseq 54.3$$

となり，やはり上の計算結果に等しい。

i	x_i	$(x_i)^2$
1	-3	9
2	2	4
3	13	169
4	-11	121
5	8	64
6	2	4
7	-4	16
上の平均	1	$\frac{387}{7}$

【演習問題 1.9】〈解答: **p. 196**〉

(1) ある中学校の 3 年生は女子生徒 232 人と男子生徒 215 人からなり，女子の身長は平均 155.2 cm，標準偏差 4.0 cm で，男子の身長は平均 164.0 cm，標準偏差 4.3 cm であった。この学校の 3 年生全員の身長の平均と標準偏差を求めよ。

(2) 1 次元データ $x = (x_1, x_2, \ldots, x_n)$ から作られる a の関数 $L_2(a)$ (**p. 7**) について，$(L_2(a)$ の最小値$) = v_x$ が成り立つことを示せ。

例題 簡易的な分散

ある地域に住む n 人の中学生を対象に英語のテスト (100 点満点) を実施したところ,その得点がなす 1 次元データ $x = (x_1, x_2, \ldots, x_n)$ に対する度数分布表は右のようになった。

(1) n の値を求めよ。

(2) x の分散 v の値を見積もれ。

(3) この 1 次元データ x の標準偏差は高々何点であるか考察せよ。

階 級	度数
$0 \sim 10$	3
$10 \sim 20$	15
$20 \sim 30$	13
$30 \sim 40$	42
$40 \sim 50$	38
$50 \sim 60$	78
$60 \sim 70$	83
$70 \sim 80$	56
$80 \sim 90$	23
$90 \sim 100$	19

Point: 簡易的な分散の導出

生のデータが参照できないけれど分散が知りたい。 $\Rightarrow$ 全てのデータの値は,それぞれが属する階級の階級値と同じと考えて簡易的な分散で見積もる!

$$\left(\begin{array}{c}\text{簡易的な}\\\text{分散}\end{array}\right) = \frac{\displaystyle\sum_{\text{各階級}}\left((\text{階級値}) - \left(\begin{array}{c}\text{簡易的な}\\\text{平均値}\end{array}\right)\right)^2 \times (\text{階級の度数})}{\displaystyle\sum_{\text{各階級}}(\text{階級の度数})}$$

(簡易的な平均値の導出は **p. 18** を参照してください。)

解答例

p. 18 の例題より (1) $n = \mathbf{370}$ であり,(2) 階級 $a \sim b$ の階級値を $\dfrac{a+b}{2}$ でとり,$\bar{x}$ の値を簡易的な平均値で見積もると $\mathbf{57.8}$. x の分散 v を簡易的な分散で見積もると

(簡易的な分散)

$$
= \cfrac{\left(\begin{array}{l} (5-57.8)^2 \cdot 3 + (15-57.8)^2 \cdot 15 + (25-57.8)^2 \cdot 13 \\ \quad + (35-57.8)^2 \cdot 42 + (45-57.8)^2 \cdot 38 + (55-57.8)^2 \cdot 78 \\ \quad + (65-57.8)^2 \cdot 83 + (75-57.8)^2 \cdot 56 + (85-57.8)^2 \cdot 23 \\ \quad + (95-57.8)^2 \cdot 19 \end{array}\right)}{370}
$$

$$
= \cfrac{\left(\begin{array}{l} 8363.52 + 27477.60 + 13985.92 + 21833.28 + 6225.92 \\ \quad + 611.52 + 4302.72 + 16567.04 + 17016.32 + 26292.96 \end{array}\right)}{370} \fallingdotseq \mathbf{385.61}.
$$

(3) p. 18 の例題より, 簡易平均 57.8 と $\bar{x}$ のあいだには高々 5 の誤差しかない. ゆえに $\bar{x}$ は階級 $50 \sim 60$ か $60 \sim 70$ のどちらかに属する. $\bar{x}$ が階級 $50 \sim 60$ に属する場合, $\bar{x}$ からの偏差について階級 $50 \sim 60$ に属するデータは高々 10 であり, 階級値 45 以下の階級に属するデータの偏差は全てそれぞれの階級の左端と 60 との偏差, 階級値 65 以上の階級に属するデータは全てそれぞれの階級の右端と 50 との偏差を考えると, 次のように分散を上から評価できる.

$$
v \leqq \cfrac{\left(\begin{array}{l} (0-60)^2 \cdot 3 + (10-60)^2 \cdot 15 + (20-60)^2 \cdot 13 + (30-60)^2 \cdot 42 \\ \quad + (40-60)^2 \cdot 38 + 10^2 \cdot 78 + (70-50)^2 \cdot 83 \\ \quad + (80-50)^2 \cdot 56 + (90-50)^2 \cdot 23 + (100-50)^2 \cdot 19 \end{array}\right)}{370}
$$

$$
\fallingdotseq 804.86.
$$

$\bar{x}$ が階級 $60 \sim 70$ に属する場合も同様に, 階級値 55 以下の階級に属するデータは全てそれぞれの階級の左端と 70 との偏差, 階級値 75 以上の階級に属するデータは全てそれぞれの階級の右端と 60 との偏差を考えると, 分散は $v \leqq 852.97$ と評価できる.

以上から, 標準偏差 $\sqrt{v}$ は高々 $\sqrt{852.97} \fallingdotseq \mathbf{29.2}$ 点 (工夫すればもう少し細かく評価できるがこの程度で十分である).

| 例 | 題 | 学力偏差値 |

n を 2 以上の自然数とする。n 人の試験の得点からなる 1 次元データ $x = (x_1, x_2, \ldots, x_n)$ が $x_1 = 100$, $x_i = 99$ $(i = 2, 3, \ldots, n)$ により与えられているとする。

(1) n 人の試験の得点の平均値 $\overline{x}$ と分散 v を求めよ。

(2) 得点 x_i の**学力偏差値**とは，

$$t_i = 50 + \frac{10(x_i - \overline{x})}{\sqrt{v}}$$

により計算されるものをいう。t_1 が 100 以上となる最小の n を求めよ。

解答例

(1) 1 次元データ $x = (x_1, x_2, \ldots, x_n)$ の平均値は

$$\overline{x} = \frac{x_1 + x_2 + x_3 + \cdots + x_n}{n}$$

$$= \frac{100 + \overbrace{99 + 99 + \cdots + 99}^{(n-1) \text{ 個の和}}}{n}$$

$$= \frac{100 + 99(n-1)}{n} = \frac{99n + 1}{n} = \boldsymbol{99 + \frac{1}{n}}.$$

また，分散は

$$v = \frac{(x_1 - \overline{x})^2 + (x_2 - \overline{x})^2 + \cdots + (x_n - \overline{x})^2}{n}$$

$$= \frac{\left(100 - (99 + \frac{1}{n})\right)^2 + \overbrace{\left(99 - (99 + \frac{1}{n})\right)^2 + \cdots + \left(99 - (99 + \frac{1}{n})\right)^2}^{(n-1) \text{ 個の和}}}{n}$$

であるが，$100 - \left(99 + \dfrac{1}{n}\right) = \dfrac{n-1}{n}$, $99 - \left(99 + \dfrac{1}{n}\right) = -\dfrac{1}{n}$ であるから

$$v = \frac{\left(\frac{n-1}{n}\right)^2 + \overbrace{\left(-\frac{1}{n}\right)^2 + \cdots + \left(-\frac{1}{n}\right)^2}^{(n-1)\,個の和}}{n}$$

$$= \frac{\left(\frac{n-1}{n}\right)^2 + \frac{n-1}{n^2}}{n} = \frac{(n-1)^2 + (n-1)}{n^3} = \boldsymbol{\frac{n-1}{n^2}}.$$

(2)　不等式 $t_1 \geqq 100$ を n に関して解くために，まず t_1 を計算しておく。
(1) の結果を用いると

$$t_1 = 50 + \frac{10(x_1 - \overline{x})}{\sqrt{v}} = 50 + \frac{10\frac{n-1}{n}}{\sqrt{\frac{n-1}{n^2}}} = 50 + 10\sqrt{n-1}$$

である。ゆえに不等式 $t_1 \geqq 100$ は

$$50 + 10\sqrt{n-1} \geqq 100$$

と書き直せる。これを n について解くと $n \geqq 26$. よって，t_1 が 100 以上となる最小の n の値は **26**.

 参考: 学力偏差値だけに惑わされず，標準偏差も一緒に確認すべし!

　先ほどの問題では 99 点と 100 点であったが，これを 0 点と 100 点に変えても同じ学力偏差値になる。学力偏差値は平均が 50，標準偏差が 10 となるように変換が施されているので，得点分布の形が "同じ" (1 次式の変換で重なる) であれば同じ学力偏差値になるからである。しかし，後者の標準偏差は前者の 100 倍であるので，1 点の違いが学力偏差値に与える影響は後者の場合，前者の $\dfrac{1}{100}$ 倍になり，ずれの影響に非常に敏感になる。つまり，標準偏差が小さい場合に求められた学力偏差値は，それだけ信頼できないことがわかる。なお，自分の得点 x_i，平均点 $\overline{x}$，学力偏差値 t_i がわかっていれば，学力偏差値を求める式から逆に標準偏差 $\sqrt{v}$ を導くことができる。

1.2.9 分散がもつデータの情報

前項の内容をふまえると，1 次元データ $(x_1 - \overline{x}, x_2 - \overline{x}, \ldots, x_n - \overline{x})$ にはどのような情報が含まれているのか，ということが気になる。これを考えるために，1 次元データ $x = (x_1, x_2, \ldots, x_n)$ の各要素を数 b だけ一斉に平行移動した新たな 1 次元データを

$$y = (x_1 + b, x_2 + b, \ldots, x_n + b) = (y_1, y_2, \ldots, y_n)$$

とおく。y の平均値 $\overline{y}$ を計算すると，

$$\overline{y} = \frac{y_1 + y_2 + \cdots + y_n}{n} = \frac{(x_1 + b) + (x_2 + b) + \cdots + (x_n + b)}{n}$$
$$= \frac{x_1 + x_2 + \cdots + x_n}{n} + \frac{b + b + \cdots + b}{n} = \overline{x} + b$$

となり，データの "およそ" の位置も b だけずれる。一方で $y_i - \overline{y} = (x_i + b) - (\overline{x} + b)$ $= x_i - \overline{x}$ であることを用いると，分散 v_y は

$$v_y = \frac{1}{n} \sum_{i=1}^{n} (y_i - \overline{y})^2 = \frac{1}{n} \sum_{i=1}^{n} (x_i - \overline{x})^2 = v_x.$$

つまり，データを一斉に平行移動しても，分散の値は変わらないのである。以上から，分散は平均値とは違って「データを一斉に平行移動しても変わらないような情報」の量を表しているといえることになる。このような情報とは何だろうか? ヒストグラムを考えるとヒントがみえてくる。

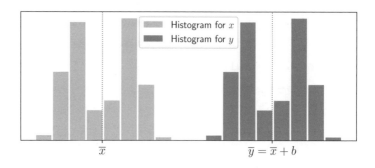

上図は階級幅が一定かつ b の分数になるように階級をとって，上の x と y に対する
ヒストグラムを同時に描いた例である。ヒストグラムそのものが b だけ平行移動され
ており，その結果，ヒストグラムの "およそ" の位置 $\overline{x}$ と $\overline{y}$ もまたデータを平行移動
した b の分だけずれていることがわかる。この 2 つのヒストグラムのうち，変わらな
い性質に注目するとすれば，それはヒストグラムの "形" そのものであろう。

　こうして，データの分散が捉える情報の量とは，ヒストグラムの "形" という情報
がもつ量であるという考えに辿り着いたのである。

✍ ヒストグラムと分散の関係

では，データの分散の大小は，ヒストグラムの形をおよそどのように決めるのであ
ろうか。1 次元データ $x = (x_1, x_2, \ldots, x_n)$ の分散を $v = \dfrac{1}{n} \displaystyle\sum_{i=1}^{n} (x_i - \overline{x})^2$ とおく。

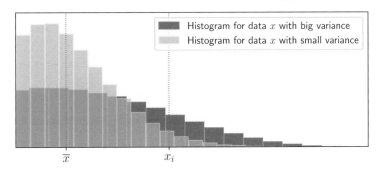

v の値が大きい場合，多くの i で $(x_i - \overline{x})^2$ の値が大きいことが期待される。これ
はつまり，多くの i でデータ x_i が $\overline{x}$ から遠くに位置しているということを意味して
いる。ヒストグラムの言葉でいえば，"平均値から遠くにある階級の度数が大きい"
ということであり，ゆえにヒストグラムの裾野が厚くなる傾向にある。

　v の値が小さい場合，$(x_i - \overline{x})^2$ の値が大きいような i が少ないことが期待される。
これはつまり，$\overline{x}$ から遠くに位置しているデータの個数が少ないということを意味し
ている。平均値から遠くにある階級の度数が小さいということになるから，ゆえにヒ
ストグラムの裾野が薄くなる傾向にある。

　$v = 0$ となる場合には，全ての i について $(x_i - \overline{x})^2 = 0$，つまり $x_1 = x_2 = \cdots = x_n = \overline{x}$ となり，全てのデータは一点に集中している。

| 例 題 | ヒストグラムの形状で分散の大小を比較! |

下の図は，それぞれ 10000 個のデータからなる 2 つの 1 次元データ x と y に関するヒストグラムを描いたものである。この x と y の分散 v_x と v_y の大小について考察せよ。

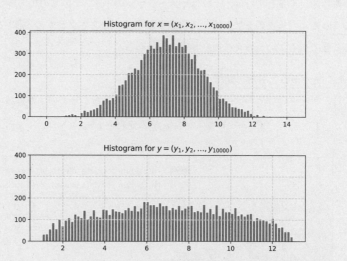

| 解答例 | p. 28 を思い出して，中央値の位置に見当をつけましょう。 |

x と y それぞれのヒストグラムについて，対応する箱ひげ図を描くと，下図のようになる。

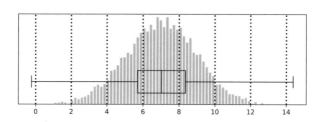

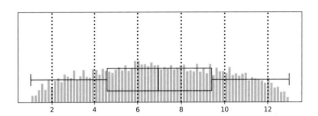

どちらも中央値 Q_2 $(\fallingdotseq 7)$ の位置を軸にしてほぼ対称な山となっているので, どんな正の数 a をとっても, $Q_2 - a$ 付近の値をとるデータの個数と, $Q_2 + a$ 付近の値をとるデータの個数がだいたいつり合っている. ゆえに, およそ $Q_2(x) = \bar{x}$, $Q_2(y) = \bar{y}$ が成り立っていると期待できる.

y よりも x のほうが, 中央値付近 (例えば四分位範囲) の値をとるデータの個数が多いが, これらのデータ x_i については $|x_i - \bar{x}|$ がおよそ 1 前後である (1 未満になるようなものが多い) ので, $(x_i - \bar{x})^2$ の値をある程度足し合わせたところで, そんなに大きくならないであろう.

一方で x も y も, 中央値から遠くにある 0 ～ 1 および 12 ～ 14 の値をとるデータがあるが, x よりも y のほうが, この階級の値をとるデータの個数が多いから, $v_x < v_y$ が成り立つと期待できる.

【演習問題 1.10】〈分散の別表現 (解答: p. 197)〉

1 次元データ $x = (x_1, x_2, \ldots, x_n)$ の分散が

$$v = \frac{1}{n^2} \sum_{1 \le i < j \le n} (x_i - x_j)^2$$

により与えられることを示せ.

例 題 2 クラスのデータを混ぜたときの平均と分散

m 個からなる 1 次元データ $x = (x_1, x_2, \ldots, x_m)$ と n 個からなる 1 次元データ $y = (y_1, y_2, \ldots, y_n)$ が与えられたとする。この x に y を付け加えた $(m+n)$ 個からなる 1 次元データ $z = (x_1, x_2, \ldots, x_m, y_1, y_2, \ldots, y_n)$ について,

$$\overline{z} = \frac{m\overline{x} + n\overline{y}}{m+n}, \qquad v_z = \frac{mv_x + nv_y}{m+n} + \frac{m(\overline{x} - \overline{z})^2 + n(\overline{y} - \overline{z})^2}{m+n}$$

が成り立つことを示せ。

Point: 1 次元データを平行移動しても分散の値は変わらない!

解答例

z の平均 $\overline{z}$ を計算すると

$$\overline{z} = \frac{x_1 + x_2 + \cdots + x_m + y_1 + y_2 + \cdots + y_n}{m+n}$$

$$= \frac{m \times \dfrac{x_1 + x_2 + \cdots + x_m}{m} + n \times \dfrac{y_1 + y_2 + \cdots + y_n}{n}}{m+n}$$

$$= \frac{m\overline{x} + n\overline{y}}{m+n}.$$

次に z の分散 v_z を計算するために,まず v_x は x を一斉に $\overline{z}$ だけ平行移動した 1 次元データ $x' = (x_1 - \overline{z}, x_2 - \overline{z}, \ldots, x_m - \overline{z})$ の分散 $v_{x'}$ と同じ値であることに注意すると,この $v_{x'}$ に分散公式 (**p. 39**) を適用して

$$v_x = v_{x'} = \frac{1}{m}\sum_{i=1}^{m}(x_i - \overline{z})^2 - (\overline{x} - \overline{z})^2.$$

y に関しても同様に $v_y = \dfrac{1}{n}\sum_{j=1}^{n}(y_j - \overline{z})^2 - (\overline{y} - \overline{z})^2$. これらを用いると

$$v_z = \frac{1}{m+n}\Big\{ \underbrace{\sum_{i=1}^{m}(x_i - \overline{z})^2}_{\substack{\| \\ m\{v_x + (\overline{x} - \overline{z})^2\}}} + \underbrace{\sum_{j=1}^{n}(y_j - \overline{z})^2}_{\substack{\| \\ n\{v_y + (\overline{y} - \overline{z})^2\}}} \Big\}$$

$$= \frac{mv_x + nv_y}{m+n} + \frac{m(\overline{x} - \overline{z})^2 + n(\overline{y} - \overline{z})^2}{m+n}.$$

参考: クラス内分散とクラス間分散

　上の例題において，x と y がそれぞれ m 人のクラス A と，n 人のクラス B の試験の得点であったとしよう。式 $\overline{z} = \dfrac{m\overline{x} + n\overline{y}}{m+n}$ は，2 つのクラスをあわせた全得点の平均が，それぞれのクラスの平均点を人数の割合で内分した量であるということを表している。v_z の式に現れている $\dfrac{mv_x + nv_y}{m+n}$ も同様で，これは**クラス内分散**とよばれる。一方でもう一つの項 $\dfrac{m(\overline{x} - \overline{z})^2 + n(\overline{y} - \overline{z})^2}{m+n}$ は，およそ「A クラスの得点は全て $\overline{x}$ で，B クラスは全て $\overline{y}$ だ」と考えたときの全体での分散を表しており，**クラス間分散**とよばれる。この解釈の下で，式 $v_z = \dfrac{mv_x + nv_y}{m+n} + \dfrac{m(\overline{x} - \overline{z})^2 + n(\overline{y} - \overline{z})^2}{m+n}$ は

$$(全データの分散) = \underbrace{(クラス内分散)}_{\substack{それぞれのクラスでの \\ 得点の散らばり具合}} + \underbrace{(クラス間分散)}_{\substack{2\ クラスの得点の \\ 離れ具合}}$$

を表す。この関係式は，クラス名を記入し忘れた学生の得点を見せられたとき，その学生が A と B のどちらに属するかの判定基準を与える「判別分析」の基礎となる。

参考: 平均値の更新式

　上の例題において y が 1 つだけのデータ $y = (x_*)$ であるとき，平均に関する式は $\overline{z} = \dfrac{m\overline{x} + x_*}{m+1}$ となる。これは，従来のデータ $x = (x_1, x_2, \ldots, x_m)$ 全部ではなく，そのデータ数 m と平均値 $\overline{x}$ のみを記憶した状態で新たなデータ x_* が与えられたときに，平均値を $\overline{x}$ から $z = (x_1, x_2, \ldots, x_m, x_*)$ の平均値 $\overline{z}$ へと更新する手続きを与えているのである。この関係式とこれに基づく平均値のブレやすさ (p. 33) は「強化学習」とよばれる機械学習の手法に使われている。

1.2.10 要点 (p.11) の証明

(1) の証明: 1 次元データ $x = (x_1, x_2, \ldots, x_n)$ を小さい順に並び替えて

$$a_1 \leqq a_2 \leqq \cdots \leqq a_{n-1} \leqq a_n$$

となったとする。

(i) $n = 1$ のとき，$L_1(a) = |a_1 - a|$ を最小化する a が $a = a_1$ で与えられることは明らか。

(ii) $n = 2$ のとき，

$$2L_1(a) = |a_1 - a| + |a_2 - a|$$

$$= \begin{cases} (a_1 - a) + (a_2 - a) = (a_2 - a_1) + 2(a_1 - a) & (a < a_1 \text{ のとき}), \\ (a - a_1) + (a_2 - a) = a_2 - a_1 & (a_1 \leqq a \leqq a_2 \text{ のとき}), \\ (a - a_1) + (a - a_2) = (a_2 - a_1) + 2(a - a_2) & (a_2 < a \text{ のとき}) \end{cases}$$

であるので，$a_1 \leqq a \leqq a_2$ のときに $2L(a)$ は最小値をとる。特に $a = \dfrac{a_1 + a_2}{2}$ のときに最小値をとる。

(iii) $n \geqq 3$ のとき: $a < a_1$ のときは $L_1(a) > L_1(a_1)$ であり，$a_n < a$ のときは $L_1(a) > L_1(a_n)$ であるので，$L_1(a)$ は a が a_1 未満や a_n より大きい値で最小値をとることはない。そこで以下 $a_1 \leqq a \leqq a_n$ とすると，

$$nL_1(a) = \sum_{i=1}^{n} |a_i - a|$$

$$= \underbrace{|a_1 - a|}_{\substack{\| \\ a - a_1}} + \sum_{i=2}^{n-1} |a_i - a| + \underbrace{|a_n - a|}_{\substack{\| \\ a_n - a}}$$

$$= \underbrace{(a_n - a_1)}_{\substack{a \text{ に依らない} \\ \text{数になってる}}} + \sum_{i=2}^{n-1} |a_i - a|$$

となるから, $\displaystyle\sum_{i=2}^{n-1}|a_i - a|$ を最小化する a を見つければよい。この操作を繰り返していくと, n の偶奇に応じて結局 上の (i) または (ii) の場合に帰着され, a が中央値の場合において $nL_1(a)$ が最小値をとることがわかる。

(2) の証明: 1 次元データ $x = (x_1, x_2, \ldots, x_n)$ に対して $L_2(a)$ は a に関する 2 次関数となる。これを平方完成すると

$$
\begin{aligned}
L_2(a) &= \frac{1}{n}\sum_{i=1}^{n}(x_i - a)^2 \\
&= \frac{1}{n}\sum_{i=1}^{n}\left\{a^2 - 2x_i a + (x_i)^2\right\} \\
&= a^2 - 2\left(\frac{1}{n}\sum_{i=1}^{n}x_i\right)a + \frac{1}{n}\sum_{i=1}^{n}(x_i)^2 \\
&= \left(a - \frac{1}{n}\sum_{i=1}^{n}x_i\right)^2 + \left\{\frac{1}{n}\sum_{i=1}^{n}(x_i)^2 - \left(\frac{1}{n}\sum_{i=1}^{n}x_i\right)^2\right\} \\
&= \left(a - \frac{1}{n}\sum_{i=1}^{n}x_i\right)^2 + v
\end{aligned}
$$

となる。ここで,

$$
v = \frac{1}{n}\sum_{i=1}^{n}(x_i)^2 - \left(\frac{1}{n}\sum_{i=1}^{n}x_i\right)^2
$$

とおいた。ゆえに $L_2(a)$ は $a = \dfrac{1}{n}\displaystyle\sum_{i=1}^{n}x_i = \overline{x}$ において最小値をとる。

分散 (**p. 39**) を学んだ読者にとっては, 分散の定義が $v_x = L_2(\overline{x})$ であることから, 以上の議論が分散公式 $v_x = \dfrac{1}{n}\displaystyle\sum_{i=1}^{n}(x_i)^2 - (\overline{x})^2$ (**p. 39**) の別証明にもなっている。

▌ **1.3** 記述統計学: 2 次元データ

1.3.1 2 次元データの整理

◤ **定義 1.7** 〈2 次元データ〉 ╱ --

2 つの 1 次元データ $x = (x_1, x_2, \ldots, x_n)$, $y = (y_1, y_2, \ldots, y_n)$ の組を 2 次元データという。

----

2 つの 1 次元データ

$$x = (x_1, x_2, \ldots, x_n), \quad y = (y_1, y_2, \ldots, y_n)$$

の組は右の表のようにまとめることができる。各対象 i に対して,2 つの値からなる組 (x_i, y_i) が対応していると考えられる。これが 2 次元データとよばれる所以である。

対象番号	x の値	y の値
1	x_1	y_1
2	x_2	y_2
⋮	⋮	⋮
n	x_n	y_n

◤ **定義 1.8** 〈散布図〉 ╱ --

2 次元データ $x = (x_1, x_2, \ldots, x_n)$, $y = (y_1, y_2, \ldots, y_n)$ が与えられたとき,XY-座標平面上に各点 (x_i, y_i) をプロットしたものを**散布図** (scatter plot) という。

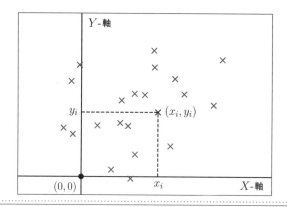

例 題 散布図の作成

ある2つの変量 X と Y について10個のデータを抽出したところ以下の結果を得た。この2次元データの散布図を作成せよ。

対象番号	X	Y
1	15	7.5
2	21	8.0
3	26	8.1
4	28	8.9
5	31	8.5
6	18	7.1
7	29	8.5
8	24	8.2
9	26	8.7
10	20	8.5

解答例

各対象番号 $i = 1, 2, \ldots, 10$ に対して,データ (x_i, y_i) を XY-平面上にプロットすると右のようになる。(図では必要な部分のみを表示しています。)

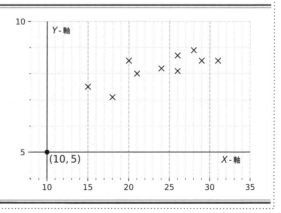

1.3.2　共分散と散布図

2 つの 1 次元データ

$$x = (x_1, x_2, \ldots, x_n), \qquad y = (y_1, y_2, \ldots, y_n)$$

が与えられたとしよう。与えられたデータに応じて，様々な散布図の形が考えられる。

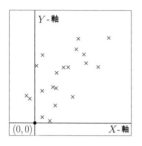 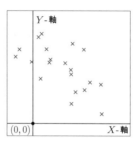 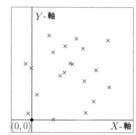

　上の散布図を見て一目でわかる特徴について，左図は "何となく右上がり"，中図は "何となく右下がり"，右図は右上がりとも左上がりとも "何ともいえない" とそれぞれいえるだろう。

　このように見える理由を探るために，各データの偏差 $(x_i - \overline{x})$ と $(y_i - \overline{y})$ の積 $(x_i - \overline{x})(y_i - \overline{y})$ の符号について考えてみる。(答えは次節にて。)

　このために，XY-平面に点 $(\overline{x}, \overline{y})$ を中心にして右図のように 4 つの象限を作り，データ (x_i, y_i) がそれぞれの領域に属するときの $(x_i - \overline{x})(y_i - \overline{y})$ の符号を調べてみる。

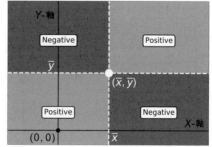

データ (x_i, y_i) が左上の象限にある

$\Rightarrow \begin{cases} x_i - \overline{x} < 0 \ (x_i \text{ は } \overline{x} \text{ よりも左側}), \\ y_i - \overline{y} > 0 \ (y_i \text{ は } \overline{y} \text{ よりも上側}) \end{cases}$

$\Rightarrow (x_i - \overline{x})(y_i - \overline{y}) < 0.$

データ (x_i, y_i) が右上の象限にある

$\Rightarrow \begin{cases} x_i - \overline{x} > 0 \ (x_i \text{ は } \overline{x} \text{ よりも右側}), \\ y_i - \overline{y} > 0 \ (y_i \text{ は } \overline{y} \text{ よりも上側}) \end{cases}$

$\Rightarrow (x_i - \overline{x})(y_i - \overline{y}) > 0.$

データ (x_i, y_i) が左下の象限にある

$\Rightarrow \begin{cases} x_i - \overline{x} < 0 \ (x_i \text{ は } \overline{x} \text{ よりも左側}), \\ y_i - \overline{y} < 0 \ (y_i \text{ は } \overline{y} \text{ よりも下側}) \end{cases}$

$\Rightarrow (x_i - \overline{x})(y_i - \overline{y}) > 0.$

データ (x_i, y_i) が右下の象限にある

$\Rightarrow \begin{cases} x_i - \overline{x} > 0 \ (x_i \text{ は } \overline{x} \text{ よりも右側}), \\ y_i - \overline{y} < 0 \ (y_i \text{ は } \overline{y} \text{ よりも下側}) \end{cases}$

$\Rightarrow (x_i - \overline{x})(y_i - \overline{y}) < 0.$

このように，領域に応じて符号が変化する偏差の積 $(x_i - \overline{x})(y_i - \overline{y})$ を全てのデータにわたって平均をとった量を導入する。

定義 1.9 〈共分散・2 次元データの相関〉

2 つの 1 次元データ $x = (x_1, x_2, \ldots, x_n)$, $y = (y_1, y_2, \ldots, y_n)$ に対して，

$$s_{x,y} = \frac{1}{n} \sum_{i=1}^{n} (x_i - \overline{x})(y_i - \overline{y})$$

を x と y の共分散 (covariance) という。

── この式を定義 1.6 (p. 39) と見比べると，$s_{x,x} = v_x$ であることがわかります！

さらに，

(1) $s_{x,y} > 0$ のとき，x と y は正の相関をもつ (positively correlated) という。

(2) $s_{x,y} < 0$ のとき，x と y は負の相関をもつ (negatively correlated) という。

(3) $s_{x,y} = 0$ のとき，x と y は無相関である (uncorrelated) という。

| 例 | 題 | 共分散の計算 |

次の 2 次元データ (x, y) について，表の空いている箇所を ①, ②, ③, ④, ⑤ の順に埋めて，⑥ のステップで共分散を計算せよ。また，その値を見て x と y の相関が正であるか負であるか答えよ。

i	x_i	$x_i - \overline{x}$	$(x_i - \overline{x})(y_i - \overline{y})$	$y_i - \overline{y}$	y_i
1	15				6.5
2	22				8.0
3	26				8.1
4	28				8.9
5	31				7.5
6	18	②	⑤	④	7.1
7	29				8.5
8	24				8.2
9	27				8.7
10	20				8.5
上の平均	①	0	⑥	0	③

Point: 共分散の計算 ⇒ 偏差の計算で「引く順番」を間違えないように注意!

| 解答例 |

①: 1 次元データ

$$x = (x_1, x_2, \ldots, x_{10}) = (15, 22, 26, 28, 31, 18, 29, 24, 27, 20)$$

の平均値を求めればよいから

$$\overline{x} = \frac{15 + 22 + 26 + 28 + 31 + 18 + 29 + 24 + 27 + 20}{10} = \frac{240}{10} = \mathbf{24}.$$

②: 偏差 $x_1 - \overline{x}, x_2 - \overline{x}, \ldots, x_{10} - \overline{x}$ を求めて表を埋めればよい。計算すると上から順に $-9, -2, 2, 4, 7, -6, 5, 0, 3, -4$ ($x_i - \overline{x}$ でなく $\overline{x} - x_i$ を計算してしまわないように注意!)。

③: 1 次元データ $y = (y_1, y_2, \ldots, y_{10})$ の平均値を求めればよいから

$$\overline{y} = \frac{6.5 + 8.0 + 8.1 + 8.9 + 7.5 + 7.1 + 8.5 + 8.2 + 8.7 + 8.5}{10} = \frac{80}{10} = 8.$$

④: 上から順に $-1.5, 0, 0.1, 0.9, -0.5, -0.9, 0.5, 0.2, 0.7, 0.5$ ($y_i - \overline{y}$ でなく $\overline{y} - y_i$ を計算してしまわないように注意!)。

⑤: これまでの結果から偏差の積を計算すると次のようになる。

i	x_i	$x_i - \overline{x}$	$(x_i - \overline{x})(y_i - \overline{y})$	$y_i - \overline{y}$	y_i
1	15	-9	**13.5**	-1.5	6.5
2	22	-2	**0**	0	8.0
3	26	2	**0.2**	0.1	8.1
4	28	4	**3.6**	0.9	8.9
5	31	7	**-3.5**	-0.5	7.5
6	18	-6	**5.4**	-0.9	7.1
7	29	5	**2.5**	0.5	8.5
8	24	0	**0**	0.2	8.2
9	27	3	**2.1**	0.7	8.7
10	20	-4	**-2.0**	0.5	8.5
上の平均	24	0	⑥	0	8

⑥: 最後に共分散, すなわち偏差の積の平均値を計算すると

$$s_{x,y} = \frac{13.5 + 0 + 0.2 + 3.6 - 3.5 + 5.4 + 2.5 + 0 + 2.1 - 2.0}{10} = \mathbf{2.18}.$$

よって, x, y の相関は正である。

1.3.3　散布図の見た目と相関の関係

散布図が "何となく右上がり" に見えて
いるということは，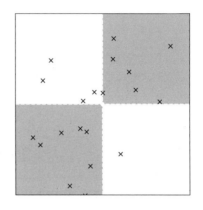 の領域にたく
さんのデータ (x_i, y_i) が属しているからで
あろう。そしてこれらのデータに関しては

$$(x_i - \overline{x})(y_i - \overline{y}) > 0$$

となっている。ゆえに，全体の平均値で
ある $s_{s,y}$ は正の数になっていることが期
待される。この考え方をもとに，**散布図が**
"何となく右上がり" に見える 2 つの 1 次
元データは正の相関をもつといってしま
おう。

　一方，散布図が "何となく右下がり" に
見えているということは，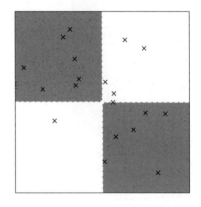 の領域
にたくさんのデータ (x_i, y_i) が属している
からであろう。そしてこれらのデータに関
しては

$$(x_i - \overline{x})(y_i - \overline{y}) < 0$$

となっている。ゆえに，全体の平均値で
ある $s_{s,y}$ は負の数になっていることが期
待される。この考え方をもとに，**散布図が**
"何となく右下がり" に見える 2 つの 1 次
元データは負の相関をもつといってしま
おう。

例 題　散布図の見た目と共分散の計算

2次元データ

$x = ($　36,　36,　35,　37,　38,　39,　42,　38,　34,　35　$),$

$y = ($　15,　11,　13,　17,　18,　16,　17,　21,　13,　19　$)$

について, 以下の問いに答えよ。

(1) 2次元データ (x, y) の散布図を描き, これらのデータが正の相関をもつか, 負の相関をもつか見当をつけよ。

(2) この2次元データの共分散を計算することで, (1)でつけた見当が正しいことを確かめよ。

解答例

(1) 散布図を描くと下左図のとおり。だいたい右上がりの散布図になっているので, x と y は正の相関をもつと予想できる。

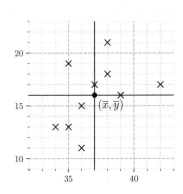

i	x_i	x_i の偏差	偏差積	y_i の偏差	y_i
1	36	-1	1	-1	15
2	36	-1	5	-5	11
3	35	-2	6	-3	13
4	37	0	0	1	17
5	38	1	2	2	18
6	39	2	0	0	16
7	42	5	5	1	17
8	38	1	5	5	21
9	34	-3	9	-3	13
10	35	-2	-6	3	19
平均	37	0	**2.7**	0	16

(2) 右上の表から, 共分散は $s_{x,y} = \mathbf{2.7}$. これは正の値だから, x と y は本当に正の相関をもつ。

1.3.4 相 関 係 数

まず，次の不等式を紹介しておこう。

Cauchy-Schwarz の不等式 (証明: p. 72)

2 つの 1 次元データ $a = (a_1, a_2, \ldots, a_n)$, $b = (b_1, b_2, \ldots, b_n)$ に対して

$$|a_1 b_1 + \cdots + a_n b_n| \leqq \sqrt{(a_1)^2 + \cdots + (a_n)^2} \sqrt{(b_1)^2 + \cdots + (b_n)^2} \qquad (1.3)$$

が成り立つ。また，この不等式の等号成立条件は $a_1, a_2, \ldots, a_n, b_1, b_2, \ldots, b_n$
のあいだの比について

$$a_1 : a_2 : \cdots : a_n = b_1 : b_2 : \cdots : b_n$$

が成り立つことである。

そこで，2 つの 1 次元データ $x = (x_1, x_2, \ldots, x_n)$, $y = (y_1, y_2, \ldots, y_n)$ が与えられたとき，$a_i = x_i - \overline{x}$, $b_i = y_i - \overline{y}$, $i = 1, 2, \ldots, n$ とおいて上の Cauchy-Schwarz の不等式を適用すると

$$\underbrace{\left| \sum_{i=1}^{n} (x_i - \overline{x})(y_i - \overline{y}) \right|}_{\substack{\| \\ ns_{x,y}}} \leqq \underbrace{\sqrt{\sum_{i=1}^{n} (x_i - \overline{x})^2}}_{\substack{\| \\ \sqrt{ns_{x,x}}}} \underbrace{\sqrt{\sum_{i=1}^{n} (y_i - \overline{y})^2}}_{\substack{\| \\ \sqrt{ns_{y,y}}}}$$

となり，両辺を右辺で割ると

$$\left| \frac{s_{x,y}}{\sqrt{s_{x,x}} \sqrt{s_{y,y}}} \right| \leqq 1$$

が成り立つ。これにより，次に定義される量が -1 から $+1$ までの値しかとらないことがわかる。

<hr>

定義 1.10 〈相関係数〉

2 つの 1 次元データ $x = (x_1, x_2, \ldots, x_n)$, $y = (y_1, y_2, \ldots, y_n)$ の分散がともに 0 でないとき,

$$\overset{\text{ロー}}{\rho} = \frac{s_{x,y}}{\sqrt{s_{x,x}}\sqrt{s_{y,y}}} \left(= \frac{\displaystyle\sum_{i=1}^{n}(x_i - \overline{x})(y_i - \overline{y})}{\sqrt{\displaystyle\sum_{i=1}^{n}(x_i - \overline{x})^2}\sqrt{\displaystyle\sum_{i=1}^{n}(y_i - \overline{y})^2}} \right)$$

により定まる数 $-1 \leqq \rho \leqq 1$ を x と y の**相関係数** (correlation coefficient) とよぶ。

<hr>

相関係数が極端に ± 1 の値をとる場合には,次のことが成り立つ。

相関係数 $= \pm 1$ の場合 (証明: **p. 73**)

2 つの 1 次元データ $x = (x_1, x_2, \ldots, x_n)$, $y = (y_1, y_2, \ldots, y_n)$ の分散がともに 0 でないとする。これらの相関係数 ρ が $\rho = \pm 1$ をみたすならば,X, Y に関する直線

$$\frac{Y - \overline{y}}{\sqrt{s_{y,y}}} = \rho \frac{X - \overline{x}}{\sqrt{s_{x,x}}}$$

は点 $(X, Y) = (x_1, y_1), (x_2, y_2), \ldots, (x_n, y_n)$ を全て通る。

つまり,相関係数が ± 1 をとる場合には,全てのデータが同一直線上にある (演習問題 **1.11, p. 65**)。

このように,相関係数が特別な値をとる場合でないときにも,2 次元データの振る舞い方を反映するような直線が引けないだろうか。これが次項のテーマとなる。

例題 相関係数の計算

次の 2 次元データ (x, y) の散布図を描き，さらに，表の空いている箇所を①から⑩ の順に埋めた後，x と y の相関係数を求めよ。

i	x_i	$x_i - \overline{x}$	$(x_i - \overline{x})^2$	$(x_i - \overline{x})(y_i - \overline{y})$	$(y_i - \overline{y})^2$	$y_i - \overline{y}$	y_i
1	12						19
2	13						21
3	11						19
4	15						17
5	14	②	⑦	⑤	⑨	④	13
6	16						15
7	19						17
8	18						15
9	15						12
10	17						12
平均	①	0	⑧	⑥	⑩	0	③

解答例

散布図を描くと右図のようになる。だいたい右下がりの散布図になっているので，x と y は負の相関をもつと予想できる。

実際に表を埋めると，次のようになる。

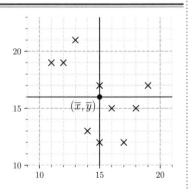

i	x_i	$x_i - \overline{x}$	$(x_i - \overline{x})^2$	$(x_i - \overline{x})(y_i - \overline{y})$	$(y_i - \overline{y})^2$	$y_i - \overline{y}$	y_i
1	12	-3	9	-9	9	3	19
2	13	-2	4	-10	25	5	21
3	11	-4	16	-12	9	3	19
4	15	0	0	0	1	1	17
5	14	-1	1	3	9	-3	13
6	16	1	1	-1	1	-1	15
7	19	4	16	4	1	1	17
8	18	3	9	-3	1	-1	15
9	15	0	0	0	16	-4	12
10	17	2	4	-8	16	-4	12
平均	15	0	**6**	**-3.6**	**8.8**	0	16

よって $s_{x,x} = 6$, $s_{x,y} = -3.6$, $s_{y,y} = 8.8$ である。特に，この 2 次元データは確かに負の相関をもつ。

最後に電卓を用いて計算すると，求める相関係数は

$$\rho = \frac{s_{x,y}}{\sqrt{s_{x,x}}\sqrt{s_{y,y}}} = \frac{-3.6}{\sqrt{6}\sqrt{8.8}} \fallingdotseq -0.50.$$

【演習問題 1.11】〈解答例: p. 198〉

2 次元データ

$$x = (\quad 15, \quad 12, \quad 13, \quad 17, \quad 18 \quad),$$
$$y = (\quad 0, \quad 6, \quad 4, \quad -4, \quad -6 \quad)$$

について，XY-平面内に散布図を描き，相関係数 ρ を求めたうえで直線 $\dfrac{Y - \overline{y}}{\sqrt{s_{y,y}}} = \rho \dfrac{X - \overline{x}}{\sqrt{s_{x,x}}}$ を描け。

例 題 欠損したデータ

次の表は 2 次元データ (x, y) の値を記録したものであるが, $*$ 印部分の数
値が汚れて見えなくなってしまった。

i	x_i	$x_i - \overline{x}$	$(x_i - \overline{x})^2$	$(x_i - \overline{x})(y_i - \overline{y})$	$(y_i - \overline{y})^2$	$y_i - \overline{y}$	y_i
1	5	-1	1	1	1	-1	6
2	7	1	1	$*$	$*$	2	9
3	4	-2	$*$	$*$	$*$	$*$	6
4	5	-1	$*$	$*$	$*$	$*$	4
5	8	$*$	$*$	$*$	$*$	$*$	9
6	3	$*$	$*$	$*$	$*$	$*$	$*$
7	8	$*$	$*$	$*$	$*$	$*$	$*$
8	7	$*$	$*$	1	$*$	$*$	$*$
9	6	$*$	$*$	0	1	$*$	$*$
10	$*$	$*$	$*$	3	9	$*$	$*$
合計	$*$	$*$	$*$	28	46	$*$	a

このとき, 次の問いに答えよ。

(1) $y_1, y_2, \ldots, y_{10}$ の合計値 a の値を求めよ。

(2) x と y の相関係数を求めよ。

⊡ **Point:** 偏差を全て足し合わせると 0 になる!

解答例

(1) データの個数は 10 だから $\overline{y} = \dfrac{1}{10} \displaystyle\sum_{i=1}^{10} y_i = \dfrac{1}{10}a$. ゆえに $a = 10\overline{y}$ だ
から, a の値を求めるには $\overline{y}$ の値がわかればよい。そこで $i = 1$ (もしく

は $i = 2$ でもよい) の欄に注目すると $y_1 - \overline{y} = -1$, $y_1 = 6$ であるので $\overline{y} = y_1 - (y_1 - \overline{y}) = 6 - (-1) = \mathbf{7}$. よって，$a = 10\,\overline{y} = \mathbf{70}$.

(2) x と y の相関係数 ρ は定義 1.10 (**p. 63**) より

$$\rho = \frac{\displaystyle\sum_{i=1}^{10}(x_i - \overline{x})(y_i - \overline{y})}{\sqrt{\displaystyle\sum_{i=1}^{10}(x_i - \overline{x})^2}\sqrt{\displaystyle\sum_{i=1}^{10}(y_i - \overline{y})^2}}.$$

表によると，この分子の値が $\displaystyle\sum_{i=1}^{10}(x_i - \overline{x})(y_i - \overline{y}) = 28$, 分母について $\displaystyle\sum_{i=1}^{10}(y_i - \overline{y})^2 = 46$ であることが示されている。ゆえにあとは $\displaystyle\sum_{i=1}^{10}(x_i - \overline{x})^2$ の値がわかればよい。(1) と同様にして $\overline{x} = x_1 - (x_1 - \overline{x}) = 5 - (-1) = 6$ である。これを用いると $x_5 - \overline{x} = 2$, $x_6 - \overline{x} = -3$, $x_7 - \overline{x} = 2$, $x_8 - \overline{x} = 1$, $x_9 - \overline{x} = 0$ であることがわかる。残る $x_{10} - \overline{x}$ を求めるために，常に $\displaystyle\sum_{i=1}^{10}(x_i - \overline{x}) = 0$ という関係式が成り立つことに注意すれば

$$\begin{aligned}
x_{10} - \overline{x} &= -\sum_{i=1}^{9}(x_i - \overline{x}) \\
&= -(-1 + 1 - 2 - 1 + 2 - 3 + 2 + 1 + 0) = 1.
\end{aligned}$$

よって

$$\begin{aligned}
&\sum_{i=1}^{10}(x_i - \overline{x})^2 \\
&= (-1)^2 + 1^2 + (-2)^2 + (-1)^2 + 2^2 + (-3)^2 + 2^2 + 1^2 + 0^2 + 1^2 \\
&= 26.
\end{aligned}$$

以上から，$\rho = \dfrac{28}{\sqrt{26}\sqrt{46}} \fallingdotseq \mathbf{0.81}$.

1.3.5　2 つの量の関係を探る: 回帰直線

　興味のある 2 つの変量 X, Y が互いに関係し合っているとする。これらの関係が "およそ" $Y = aX + b$ という式で記述されると予測されるとき，ここに現れる 2 つの数 (a, b) をどのように見つければよいのであろうか?

 ### $Y = aX + b$ という関係があるときのペナルティの数え方

　この 2 つの変量 X と Y に関するデータを眺めて "およそ" $Y = aX + b$ が成り立つであろう 2 つの数 a, b が得られたとしても，大抵の場合はせいぜいいくつかのデータのみでこの関係式が成り立ち，得られた全てのデータ (x_i, y_i) について $y_i = ax_i + b$ が成り立っているとは限らない。ゆえに "変量" $aX + b$ は，たまたま成り立つ一部を除いて変量 Y そのものを表すわけではなく，あくまで変量の Y に "およそ" 近いものを表しているにすぎない。

　そこで，この新たな "変量" $aX + b$ には新たに $\widehat{Y} = aX + b$ と名前をつけ ($\widehat{*}$ は「＊ ハット」と読む)，本当の変量 Y の予測値としての役割を担わせることにする。これに応じて y_i の予測値として $\widehat{y_i} = ax_i + b$ と名前をつけておく。表にまとめると右のようになる。

No.\ 変量	X	$\widehat{Y} = aX + b$	Y
1	x_1	$\widehat{y_1} = ax_1 + b$	y_1
2	x_2	$\widehat{y_2} = ax_2 + b$	y_2
$\vdots$	$\vdots$	$\vdots$	$\vdots$
n	x_n	$\widehat{y_n} = ax_n + b$	y_n

　個体番号 i の変量 Y に関する真の値 y_i とその予測値としての $\widehat{y_i}$ のあいだには，誤差 (error) が生じうる。この大きさ

$$|y_i - \widehat{y_i}| = |y_i - (ax_i + b)|$$

を，(a, b) がデータ (x_i, y_i) から受けるペナルティの値だと考える。

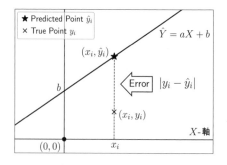

　最も適した (a, b) を見つけるには，各データ (x_i, y_i) から受けるペナルティがより小さくなるものを見つければよいであろう。このとき，例えば，ペナルティの一つの

総計法である

$$L(a,b) = \frac{1}{n}\sum_{i=1}^{n}(y_i - \widehat{y}_i)^2 = \frac{1}{n}\sum_{i=1}^{n}\left\{y_i - (ax_i + b)\right\}^2 \tag{1.4}$$

が "比較的" 小さいはずであり, こうして $L(a,b)$ を最小化する (a,b) が最も適した値であると考えられる。

公式 (証明: **p. 74**)

2 つの 1 次元データ $x = (x_1, x_2, \ldots, x_n)$, $y = (y_1, y_2, \ldots, y_n)$ について
$(x \text{ の分散}) \neq 0$ ならば, $L(a,b)$ を最小化する $(a,b) = (\widehat{a}, \widehat{b})$ は

$$\widehat{a} = \frac{(x \text{ と } y \text{ の共分散})}{(x \text{ の分散})} \;\; \left(= \frac{s_{x,y}}{s_{x,x}}\right), \qquad \widehat{b} = \overline{y} - \widehat{a}\,\overline{x}$$

で与えられる。

回帰直線の方程式

こうしてペナルティの総計 $L(a,b)$ に基づいて, 最も適した (a,b) は上式で与えられる $(\widehat{a}, \widehat{b})$ であるという判断に至り, 変量 X の値から変量 Y の予測値 $\widehat{Y}$ を立てる式は

$$\widehat{Y} = \widehat{a}X + \widehat{b} = \frac{s_{x,y}}{s_{x,x}}X + \left(\overline{y} - \frac{s_{x,y}}{s_{x,x}}\overline{x}\right) = \frac{s_{x,y}}{s_{x,x}}(X - \overline{x}) + \overline{y}$$

と書ける。さらに相関係数 ρ を用いて $\dfrac{s_{x,y}}{s_{x,x}} = \dfrac{s_{x,y}}{\sqrt{s_{x,x}}\sqrt{s_{y,y}}}\dfrac{\sqrt{s_{y,y}}}{\sqrt{s_{x,x}}} = \rho\dfrac{\sqrt{s_{y,y}}}{\sqrt{s_{x,x}}}$ と書き直せば, 上の式を整理して

$$\frac{\widehat{Y} - \overline{y}}{\sqrt{s_{y,y}}} = \rho\frac{X - \overline{x}}{\sqrt{s_{x,x}}}$$

となる (**p. 63** の式と同じ形!)。これを**回帰直線** (**regression line**) という。

回帰直線の方程式 $\widehat{Y} = \widehat{a}X + \widehat{b}$ を求めるということは, 変量 Y の振る舞いを変量 X の言葉で説明しようとする試みといえる。この試みにおいて, X は**説明変数** (独立変数とも), Y は**目的変数** (従属変数とも) とよばれる。

例 題   回帰直線の計算

2 つの変量 X と Y に関する 2 次元データ (x, y) が

$x = ($ 25, 32, 36, 37, 41, 38, 39, 34, 37, 41 $)$,

$y = ($ 15, 20, 21, 29, 25, 11, 25, 22, 27, 25 $)$

のように与えられた。この 2 次元データの散布図を描き，さらに以下の問い
に答えよ。

(1) X を説明変数，Y を目的変数とする回帰直線の方程式を求めよ。

(2) Y を説明変数，X を目的変数とする回帰直線の方程式を求めよ。

解答例

散布図を描くと右図のようになる。だ
いたい右上がりの散布図になっている
ので，x と y は正の相関をもつと予想
できる。

先に表を完成させてしまうと，次の
ようになる。

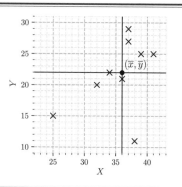

i	x_i	$x_i - \overline{x}$	$(x_i - \overline{x})^2$	$(x_i - \overline{x})(y_i - \overline{y})$	$(y_i - \overline{y})^2$	$y_i - \overline{y}$	y_i
1	25	-11	121	77	49	-7	15
2	32	-4	16	8	4	-2	20
3	36	0	0	0	1	-1	21
4	37	1	1	7	49	7	29
5	41	5	25	15	9	3	25
6	38	2	4	-22	121	-11	11
7	39	3	9	9	9	3	25
8	34	-2	4	0	0	0	22
9	37	1	1	5	25	5	27
10	41	5	25	15	9	3	25
平均	36	0	**20.6**	**11.4**	**27.6**	0	22

特に，この 2 次元データは確かに正の相関をもつ。

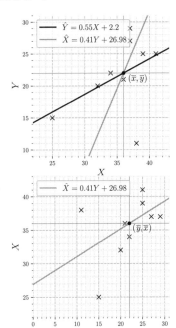

(1) X を説明変数，Y を目的変数とすると，$\widehat{a} = \dfrac{s_{x,y}}{s_{x,x}} = \dfrac{11.4}{20.6} \fallingdotseq 0.55$，$\widehat{b} = \overline{y} - \widehat{a}\,\overline{x} \fallingdotseq 22 - (0.55) \times 36 = 2.2$. よって，求める回帰直線の方程式はおよそ $\widehat{Y} = 0.55X + 2.2$. これを XY-平面上に図示すると，右図の黒線のようになる。

(2) Y を説明変数，X を目的変数とすると，$\widehat{a} = \dfrac{s_{x,y}}{s_{y,y}} = \dfrac{11.4}{27.6} \fallingdotseq 0.41$，$\widehat{b} = \overline{x} - \widehat{a}\,\overline{y} \fallingdotseq 36 - (0.41) \times 22 = 26.98$. よって，求める回帰直線の方程式はおよそ $\widehat{X} = 0.41Y + 26.98$. これを YX-平面上に図示すると，右図のようになる。

　どちらの場合の回帰直線も，散布図が右上がりに見えることに対応して，傾きが正になっている。さらに，XY-平面上では必ず点 $(\overline{x}, \overline{y})$ を，YX-平面上では必ず $(\overline{y}, \overline{x})$ を通ることがわかる。

【演習問題 1.12】〈解答: p. 198〉

上の例題において，各 $i = 1, 2, \ldots, 10$ について

$$\frac{1}{10}\sum_{i=1}^{10}(y_i - \widehat{y}_i)^2 \quad \text{と} \quad \frac{1}{10}\sum_{i=1}^{10}(x_i - \widehat{x}_i)^2$$

の大小を比較し，その結果が何を意味するのか考察せよ。

1.4 いくつかの証明

公式 1.3.4 (p. 62) の証明

2 つの 1 次元データ $a = (a_1, a_2, \ldots, a_n)$, $b = (b_1, b_2, \ldots, b_n)$ が与えられたとする。$a_1, a_2, \ldots, a_n, b_1, b_2, \ldots, b_n$ のあいだの比について

$$a_1 : a_2 : \cdots : a_n = b_1 : b_2 : \cdots : b_n$$

が成り立つための必要十分条件は，ある数 c を用いて，次のいずれかが成り立つことである。

(1) $a_1 = cb_1$, $a_2 = cb_2$, ..., $a_n = cb_n$,

(2) $b_1 = ca_1$, $b_2 = ca_2$, ..., $b_n = ca_n$.

この (1) もしくは (2) が成り立つとき，不等式 (1.3) が等号で成り立つことはすぐに確かめられる。

次に，関数 $f(t)$ を

$$f(t) = \sum_{i=1}^{n}(a_i - tb_i)^2$$

$$= \left(\sum_{i=1}^{n}(b_i)^2\right)t^2 - 2\left(\sum_{i=1}^{n}a_i b_i\right)t + \left(\sum_{i=1}^{n}(a_i)^2\right)$$

により定める。

(i) $\displaystyle\sum_{i=1}^{n}(b_i)^2 = 0$ のとき，$b_1 = b_2 = \cdots = b_n = 0$ であるから

$$\left|\sum_{i=1}^{n}a_i b_i\right| = 0 = \sqrt{\sum_{i=1}^{n}(a_i)^2}\sqrt{\sum_{i=1}^{n}(b_i)^2}$$

となり不等式 (1.3) は等号で成り立つ。また，$c = 0$ ととれば $b_1 = ca_1$, $b_2 = ca_2, \ldots, b_n = ca_n$, つまり (2) が成り立っている。

(ii) $\displaystyle\sum_{i=1}^{n}(b_i)^2 \neq 0$ のとき，$f(t)$ は 2 次関数である。さらに，関数 $f(t)$ の定義より常に $f(t) \geqq 0$ をみたさなければならないので

$$0 \geqq (f \text{ の判別式}) = 4\left\{\left(\sum_{i=1}^{n} a_i b_i\right)^2 - \left(\sum_{i=1}^{n}(a_i)^2\right)\left(\sum_{i=1}^{n}(b_i)^2\right)\right\}$$

が成り立たなければならず，これを整理して

$$\left(\sum_{i=1}^{n} a_i b_i\right)^2 \leqq \left(\sum_{i=1}^{n}(a_i)^2\right)\left(\sum_{i=1}^{n}(b_i)^2\right).$$

この両辺の平方根をとれば不等式 (1.3) を得る。

また，等号が成り立つための必要十分条件は $0 = (f \text{ の判別式})$ が成り立つことであるが，これは $f(c) = 0$ となる数 c があることを意味する。このとき

$$0 = f(c) = \sum_{i=1}^{n}(a_i - cb_i)^2$$

であることから $a_1 = cb_1, a_2 = cb_2, \ldots, a_n = cb_n$ が成り立ち，これは (1) にほかならない。

公式 1.3.4 (p. 63) の証明

2 次元データ $x = (x_1, x_2, \ldots, x_n)$, $y = (y_1, y_2, \ldots, y_n)$ の相関係数が $\rho = \pm 1$, つまり $|\rho| = 1$ をみたすとき，これは Cauchy-Schwarz の不等式 (公式 **1.3.4, p. 62**) において等号が成り立つということであるので，ある数 c を用いて，次のいずれかが成り立っている。

(1) $x_1 - \overline{x} = c(y_1 - \overline{y})$, $x_2 - \overline{x} = c(y_2 - \overline{y})$, ..., $x_n - \overline{x} = c(y_n - \overline{y})$,

(2) $y_1 - \overline{y} = c(x_1 - \overline{x})$, $y_2 - \overline{y} = c(x_2 - \overline{x})$, ..., $y_n - \overline{y} = c(x_n - \overline{x})$.

仮定から，x と y の分散は 0 ではないから $c \neq 0$ である。

(1) が成り立っている場合，相関係数について

$$\rho = \frac{s_{x,y}}{\sqrt{s_{x,x}}\sqrt{s_{y,y}}} = \frac{\displaystyle\sum_{i=1}^{n}(x_i-\overline{x})(y_i-\overline{y})}{\sqrt{\displaystyle\sum_{i=1}^{n}(x_i-\overline{x})^2}\sqrt{\displaystyle\sum_{i=1}^{n}(y_i-\overline{y})^2}}$$

$$= \frac{c\displaystyle\sum_{i=1}^{n}(x_i-\overline{x})^2}{\sqrt{\displaystyle\sum_{i=1}^{n}(x_i-\overline{x})^2}\sqrt{c^2\displaystyle\sum_{i=1}^{n}(x_i-\overline{x})^2}} = \frac{c}{|c|}$$

が成り立つ。(特に, ρ と c の符号は一致します。) 条件 $\rho = \pm 1$ より $\rho\dfrac{c}{|c|} = \rho^2 = 1$ が成り立つので, 各 $k = 1, 2, \ldots, n$ に対して

$$\rho\frac{x_k-\overline{x}}{\sqrt{s_{x,x}}} = \rho\frac{x_k-\overline{x}}{\sqrt{\dfrac{1}{n}\displaystyle\sum_{i=1}^{n}(x_i-\overline{x})^2}} = \rho\frac{c(y_k-\overline{y})}{\sqrt{c^2\dfrac{1}{n}\displaystyle\sum_{i=1}^{n}(y_i-\overline{y})^2}}$$

$$= \rho\frac{c}{|c|}\frac{y_k-\overline{y}}{\sqrt{s_{y,y}}} = \frac{y_k-\overline{y}}{\sqrt{s_{y,y}}}.$$

これは, 直線 $\dfrac{Y-\overline{y}}{\sqrt{s_{y,y}}} = \rho\dfrac{X-\overline{x}}{\sqrt{s_{x,x}}}$ が点 $(X,Y) = (x_1,y_1),(x_2,y_2),\ldots,(x_n,y_n)$ を通ることを意味している。

(2) の場合も同様である。

公式 1.3.5 (p. 69) の証明

2 つの 1 次元データ $x = (x_1, x_2, \ldots, x_n)$, $y = (y_1, y_2, \ldots, y_n)$ に対して $L(a,b) = \dfrac{1}{n}\displaystyle\sum_{i=1}^{n}\{y_i-(ax_i+b)\}^2$ と与えられるのであった。$s_{x,x} = (x \text{ の分散}) \neq 0$ のときにこの式を変形すると

$$L(a,b) = \frac{1}{n} \sum_{i=1}^{n} \left\{ y_i - \underbrace{(ax_i + b)}_{\substack{\| \\ \{a(x_i - \overline{x}) + (a\overline{x} + b)\}}} \right\}^2$$

$$= \frac{1}{n} \sum_{i=1}^{n} \left\{ y_i^2 - 2(ax_i + b)y_i + \underbrace{\left(a(x_i - \overline{x}) + (a\overline{x} + b)\right)^2}_{\substack{\| \\ a^2(x_i - \overline{x})^2 + 2a(x_i - \overline{x})(a\overline{x} + b) + (a\overline{x} + b)^2}} \right\}$$

$$= \frac{1}{n} \sum_{i=1}^{n} \left\{ (x_i - \overline{x})^2 a^2 + 2(a\overline{x} + b)(x_i - \overline{x})a + (a\overline{x} + b)^2 \right.$$
$$\left. + (-2x_i y_i)a + (-2y_i)b + (y_i)^2 \right\}$$

$$= \frac{1}{n} \underbrace{\left(\sum_{i=1}^{n} (x_i - \overline{x})^2 \right)}_{\substack{\| \\ s_{x,x}}} a^2 + \frac{2(a\overline{x} + b)}{n} \underbrace{\left(\sum_{i=1}^{n} (x_i - \overline{x}) \right)}_{\substack{\| \\ 0}} a + \frac{1}{n} \underbrace{\sum_{i=1}^{n} (a\overline{x} + b)^2}_{\substack{\| \\ n(a\overline{x} + b)^2}}$$

$$- \frac{2}{n} \left(\sum_{i=1}^{n} x_i y_i \right) a - 2 \underbrace{\left(\frac{1}{n} \sum_{i=1}^{n} y_i \right)}_{\substack{\| \\ \overline{y}}} b + \frac{1}{n} \sum_{i=1}^{n} (y_i)^2$$

$$= s_{x,x} a^2 - 2 \left(\frac{1}{n} \sum_{i=1}^{n} x_i y_i \right) a + \left\{ (a\overline{x} + b)^2 - 2\overline{y}b \right\} + \frac{1}{n} \sum_{i=1}^{n} (y_i)^2.$$

ここに現れた第3項について,

$$(a\overline{x} + b)^2 - 2\overline{y}b = (a\overline{x} + b)^2 - 2\overline{y}(a\overline{x} + b) + 2a(\overline{x})(\overline{y})$$
$$= \left\{ (a\overline{x} + b) - \overline{y} \right\}^2 - (\overline{y})^2 + 2a(\overline{x})(\overline{y})$$

という式変形を用いると

$$(\text{上式}) = s_{x,x} a^2 - 2 \underbrace{\left(\frac{1}{n} \sum_{i=1}^{n} x_i y_i - (\overline{x})(\overline{y}) \right)}_{\substack{\| \\ s_{x,y}}} a + (b + \overline{x}a - \overline{y})^2 + \underbrace{\left(\frac{1}{n} \sum_{i=1}^{n} (y_i)^2 - (\overline{y})^2 \right)}_{\substack{\| \\ s_{y,y}}}$$

$$= \left\{ \underbrace{s_{x,x}a^2 - 2s_{x,y}a}_{\parallel} \right\} + (b + \overline{x}a - \overline{y})^2 + s_{y,y}$$

$$s_{x,x}\left(a - \frac{s_{x,y}}{s_{x,x}}\right)^2 - \frac{(s_{x,y})^2}{s_{x,x}}$$

$$= s_{x,x}\left(a - \frac{s_{x,y}}{s_{x,x}}\right)^2 + (b + \overline{x}a - \overline{y})^2 + \left(s_{y,y} - \frac{(s_{x,y})^2}{s_{x,x}}\right).$$

ゆえに $a = \dfrac{s_{x,y}}{s_{x,x}}$, $b = \overline{y} - a\overline{x}$ のときに $L(a,b)$ は最小値をとる。

✎ Bonus 1: $L(a,b)$ の最小値を追うことでみえてくる解釈

上の式変形から，$L(a,b)$ は $a = \widehat{a} = \dfrac{s_{x,y}}{s_{x,x}}$, $b = \widehat{b} = \overline{y} - \widehat{a}\,\overline{x}$ のときに最小値

$L(\widehat{a}, \widehat{b}) = s_{y,y} - \dfrac{(s_{x,y})^2}{s_{x,x}}$ をとるが，x と y の相関係数を ρ とすると

$$\frac{(s_{x,y})^2}{s_{x,x}} = \left(\frac{s_{x,y}}{\sqrt{s_{x,x}}\sqrt{s_{y,y}}}\right)^2 s_{y,y} = \rho^2 s_{y,y}$$

であることから，

$$L(\widehat{a}, \widehat{b}) = \left(1 - \rho^2\right)s_{y,y}$$

となる。定義 (p. 69) から $L(a,b)$ はいつでも非負なので，$L(\widehat{a}, \widehat{b})$ の値も非負である。特に，相関係数 ρ について必ず $-1 \leqq \rho \leqq 1$ が成り立つことがわかる。(相関係数のこの関係式を，**Cauchy-Schwarz** の不等式を用いずに証明したことになります。)

この回帰直線 $\widehat{Y} = \widehat{a}X + \widehat{b}$ に基づく y_i の予測値 $\widehat{y}_i = \widehat{a}x_i + \widehat{b}$ の誤差を並べた 1 次元データを $\overset{イプシロン}{\varepsilon} = (y_1 - \widehat{y}_1, y_2 - \widehat{y}_2, \ldots, y_n - \widehat{y}_n)$ と表しておくと，この平均について

$$\overline{\varepsilon} = \overline{y} - \overline{\widehat{y}} = \overline{y} - (\widehat{a}\,\overline{x} + \widehat{b}) = \overline{y} - \overline{y} = 0$$

が成り立ち，また，$L(a,b)$ の定義 (p. 69) から

$$L(\widehat{a}, \widehat{b}) = \frac{1}{n}\sum_{i=1}^{n}\{y_i - (\widehat{a}x_i + \widehat{b})\}^2$$

$$= \frac{1}{n}\sum_{i=1}^{n}(y_i - \widehat{y}_i)^2 = \frac{1}{n}\sum_{i=1}^{n}\{(y_i - \widehat{y}_i) - (\overline{y} - \overline{\widehat{y}})\}^2 = s_{\varepsilon,\varepsilon}$$

が成り立つ。そこで，分散の定義 1.6 (p. 39) に至る文脈を思い出すと，$L(\widehat{a}, \widehat{b})$ は誤差 ε のもつ情報量を表すことがわかった。

一方で，予測値を並べてできる 1 次元データ $\widehat{y} = (\widehat{y}_1, \widehat{y}_2, \ldots, \widehat{y}_n)$ の分散は

$$s_{\widehat{y},\widehat{y}} = \frac{1}{n}\sum_{i=1}^{n}(\widehat{y}_i - \overline{\widehat{y}})^2 = \frac{1}{n}\sum_{i=1}^{n}\left\{(\widehat{a}x_i + \widehat{b}) - (\widehat{a}\overline{x} + \widehat{b})\right\}^2$$

$$= \frac{1}{n}(\widehat{a})^2\sum_{i=1}^{n}(x_i - \overline{x})^2$$

$$= (\widehat{a})^2 s_{x,x}$$

と変形できる。さらに $(\widehat{a})^2 = \left(\dfrac{s_{x,y}}{s_{x,x}}\right)^2 = \left(\dfrac{s_{x,y}}{\sqrt{s_{x,x}}\sqrt{s_{y,y}}}\right)^2 \dfrac{s_{y,y}}{s_{x,x}} = \rho^2 \dfrac{s_{y,y}}{s_{x,x}}$ となることから，

$$s_{\widehat{y},\widehat{y}} = \rho^2 s_{y,y}$$

となる。

以上により

$$\begin{pmatrix} 1\,次元データ\,y\,が \\ もつ\,``情報量" \end{pmatrix} = s_{y,y} = \underbrace{\rho^2 s_{y,y}}_{\substack{\| \\ s_{\widehat{y},\widehat{y}} \\ 予測値がもつ \\ ``情報量"}} + \underbrace{(1-\rho^2)s_{y,y}}_{\substack{\| \\ L(\widehat{a}, \widehat{b})/n \\ \| \\ s_{\varepsilon,\varepsilon} \\ 誤差がもつ \\ ``情報量"}}$$

という解釈が得られる。この右辺に現れた 2 つの項はともに非負であるので，y の予測値からなる 1 次元データ $\widehat{y}$ の“情報量” $s_{\widehat{y},\widehat{y}}$ が y の“情報量” $s_{y,y}$ を超えることはない。特に相関係数が $\rho = \pm 1$ である場合には，$s_{y,y} = s_{\widehat{y},\widehat{y}}$ となり，公式 1.3.4 (p. 63) のように，データ y が回帰直線によって完全に予測できてしまうことと整合的な解釈となる。

Bonus 2: 最小絶対偏差法

1.3.5 項の式 (1.4) (**p. 69**) を,

$$L_1(a,b) = \frac{1}{n} \sum_{i=1}^{n} \left| y_i - (ax_i + b) \right|$$

で置き換えた場合, 対応する回帰直線はどのような性質をもつであろうか。

　実はこの場合, $L_1(a,b)$ を最小化する点 $(a,b) = (\widehat{a}, \widehat{b})$ は複数あるかもしれないが, このとき, その中の直線 $\widehat{Y} = \widehat{a}X + \widehat{b}$ で, データ点 $(x_1, y_1), (x_2, y_2), \ldots, (x_n, y_n)$ のうち少なくとも異なる 2 つを通るようなものがあることが知られている。

　これをかいつまんで説明しておこう。ab-平面上の関数 $L_1(a,b)$ のグラフは右図のようにしわくちゃに丸めた (より正確には ab-平面上に引かれた n 個の直線 $y_i - (ax_i + b) = 0, i = 1, 2, \ldots, n$ に沿って折り曲げた) 紙を広げたような, 上に開いた多面体になる。

　特に, 上に開いた多面体の辺 (折り目) 上の点に対応する (a,b) について, XY-平面上の直線 $Y = aX + b$ は, 少なくとも 1 つのデータ点 (x_i, y_i) を通るのである。

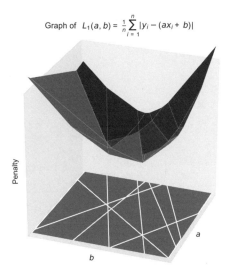

Graph of $L_1(a,b) = \frac{1}{n} \sum_{i=1}^{n} |y_i - (ax_i + b)|$

　さて, この上に開いた多面体の底に最も近い ab-平面上の点 $(a,b) = (a^*, b^*)$ が $L_1(a,b)$ を最小化することがわかる。このような形のグラフを ab-平面にまっすぐ押し当てたときに, ab-平面上で接触している部分は, 1 点, 線分, 面の 3 通りの可能性が考えられるが, このいずれの場合であっても, それぞれを構成する全ての点 $(a,b) = (a^*, b^*)$ が $L_1(a,b)$ を最小化するのである。

　上に開いた多面体の底に最も近い ab-平面上の部分は, それが 1 点, 線分, 面のいずれの場合も, 多面体の頂点を少なくとも 1 つ含むことに注意しよう。この多面体の頂点は少なくとも 2 つの異なる直線の交点として得られ, それぞれの直線は少なくと

も 1 つのデータ点を通るのだから，多面体の頂点である ab-平面上の点 $(a,b) = (\widehat{a}, \widehat{b})$ に対応する XY-平面上の直線 $\widehat{Y} = \widehat{a}X + \widehat{b}$ は，少なくとも 2 つのデータ点を通るのである。

このことを計算でも確認してみよう。まず a の値を任意に固定したとき，

$$L_1(a,b) = \frac{1}{n} \sum_{j=1}^{n} |y_j - (ax_j + b)| = \frac{1}{n} \sum_{j=1}^{n} |(y_j - ax_j) - b|$$

を b の関数として考えてみると，1.2.10 項 (p. 52) の内容より，これは b が 1 次元データ

$$(y_1 - ax_1, y_2 - ax_2, \ldots, y_n - ax_n)$$

の中央値に最も近い $b = y_i - ax_i$ のときに最小となる。このとき，XY-平面上の直線 $Y = aX + b$ がデータ点 (x_i, y_i) を通ることとなる。つまり，どのような a に対しても，$L_1(a,b)$ を最小にし，かつ直線 $Y = aX + b$ があるデータ点を通るようなものが選べるので，a, b を自由に変化させたときに $L_1(a,b)$ を最小にする $(a,b) = (a^*, b^*)$ として，直線 $Y = a^*X + b^*$ がやはりあるデータを通るものが選べることがわかる。

この直線の通るデータを (x_i, y_i) とすると，$y_i = a^* x_i + b^*$ が成り立っている。これに注意すると，$L_1(a,b)$ の最小値 $L_1(a^*, b^*)$ は次のように変形できる。

$$
\begin{aligned}
L_1(a^*, b^*) &= \frac{1}{n} \sum_{j=1}^{n} |y_j - (a^* x_j + b^*)| \\
&= \frac{1}{n} \sum_{j=1}^{n} |y_j - \{a^* x_j + (y_i - a^* x_i)\}| \\
&= \frac{1}{n} \sum_{j=1}^{n} |(y_j - y_i) - a^* \underbrace{(x_j - x_i)}_{\substack{x_j = x_i \text{ のとき} \\ \text{消える}}}| \\
&= \frac{1}{n} \sum_{\substack{1 \leq j \leq n: \\ x_j = x_i}} |y_j - y_i| + \frac{1}{n} \sum_{\substack{1 \leq j \leq n: \\ x_j \neq x_i}} |(y_j - y_i) - a^* (x_j - x_i)|
\end{aligned}
$$

$x_j = x_i$ となる
ような j について
和をとるという意味　　　$x_j \neq x_i$ となる
ような j について
和をとるという意味

$$= \frac{1}{n} \sum_{\substack{1 \le j \le n: \\ x_j = x_i}} |y_j - y_i| + \underbrace{\frac{1}{n} \sum_{\substack{1 \le j \le n: \\ x_j \ne x_i}} |x_j - x_i| \left| \frac{y_j - y_i}{x_j - x_i} - a^* \right|}_{\text{次に，この部分を } a^* \text{ の関数と考えて考察する}}$$

最後の右辺第 1 項は a^* に依存しておらず，第 2 項のみが a^* に依存している。この第 2 項を a^* の関数と捉えると，a^*-軸を横軸にもつこの関数のグラフは，$x_j \ne x_i$ であるような j について $\dfrac{y_j - y_i}{x_j - x_i}$ たちを a^*-軸上に配置したとき，これらの点において折れ目のつく，下に凸な折れ線の形をしていることが想像できるであろう。特に，$x_k \ne x_i$ となるようなあるデータ番号 k の点 $\dfrac{y_k - y_i}{x_k - x_i}$ において最小値をとることがわかる。(最小値をとる点が区間をなすこともありえますが，その場合にはその区間の端点に注目します。感覚的には各 $\dfrac{y_j - y_i}{x_j - x_i}$ がそれぞれ "$|x_j - x_i|$ 個" あるときの中央値を考えているようなものです。) しかし上式は $L_1(a, b)$ の最小値を式変形したものであるから，上式中で a^* を $\dfrac{y_k - y_i}{x_k - x_i}$ に取り替えても同じ値にならなければならない。ゆえに

$$
\begin{aligned}
L_1(a^*, b^*) &= \frac{1}{n} \sum_{j=1}^{n} |(y_j - y_i) - a^*(x_j - x_i)| \\
&= \frac{1}{n} \sum_{j=1}^{n} \left| (y_j - y_i) - \frac{y_k - y_i}{x_k - x_i}(x_j - x_i) \right| \\
&= \frac{1}{n} \sum_{j=1}^{n} \left| y_j - \Big(\underbrace{\frac{y_k - y_i}{x_k - x_i} x_j}_{\substack{= \widehat{a} \\ \text{とおく。}}} + \underbrace{y_i - \frac{y_k - y_i}{x_k - x_i} x_i}_{\substack{= \widehat{b} \\ \text{とおく。}}} \Big) \right| = L_1(\widehat{a}, \widehat{b})
\end{aligned}
$$

でなければならない。いま，直線 $\widehat{Y} = \widehat{a}X + \widehat{b}$ は

$$\widehat{Y} - y_i = \frac{y_k - y_i}{x_k - x_i}(X - x_i)$$

と書き換えられ，異なる 2 点 $(x_i, y_i), (x_k, y_k)$ を通ることがわかる。

2

現実とモデルのせめぎあい: 推測統計学

未知に挑んできた人間の知恵を身につけよう!

調査や考察などをするとき, その性質について知ろうとしている対象全体を**母集団** (**population**) という (P に対応するギリシア文字 Π (π の大文字) で表すことが多い)。母集団 Π は有限個の要素からなることもあれば, 身長や体重など連続的な値をとるデータを扱う場合には, 実数全体 $(-\infty, \infty)$ のように数えることができないほど無限にたくさんの要素からなることもある。母集団から取り出された (抽出された) 要素の集まりを**標本** (**sample**) といい, 標本をなす一つひとつの要素を**標本点** (**sample point**) という。標語的には, これらのあいだの関係は

$$標本点 \in 標本 \subset 母集団$$

と表すことができる。母集団から標本を取り出して調査する一連の作業を**標本調査** (**sampling**) という。

本書では基本的に, 1 回の標本調査において複数個の標本点を 1 つずつ選び, それらをまとめて 1 つの標本とすることを念頭においている。その際, 標本調査の途

中で母集団から“無作為に”選ばれた 1 つの標本点は取り去ることなく，母集団にその都度 戻すことにする。この形式を復元抽出法 (sampling with replacement) という。さらに，各回で選ばれる標本点が何であるかは，他の回で選ばれる標本点が何であるかに影響を与えない，という意味で独立に複数個の標本点を選ぶことを想定している。

複数回の標本調査では複数の標本を得ることになるが，そうして得られた標本のセット数を標本数 (number of samples) という。

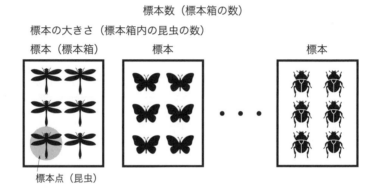

本書では主に，大きな標本を 1 つとることを考える (標本数は 1 つですが，その標本の大きさが大きい場合を考えるということです)。

設定するべき母集団は，いま何を知りたいのか・どういった標本調査をするのか，という文脈に応じてアレンジしなければならない。

2.1 母集団と標本調査の考え方

標本調査をする際には，何を母集団として据えているかを把握しておくことが大事になる。次に示す例とともに，この理解を深めていこう。

例 題 検査精度を調べるための標本調査——その1

ある疾患に関する検査の感度 (sensitivity) とは，

$$\frac{(\text{実際に陽性である人のうち，検査で陽性と判定される人数})}{(\text{実際に陽性である人数})}$$

のことを指す。この感度を調べるための標本調査をする際，設定すべき母集団や標本調査の際の問題点・注意点などについて考えよ。

Point: 母集団は，頭の中では想像できても現実に実現できるとは限らない！

解答例

理想的には，実際に陽性である人全体を母集団 Π として考えることになるであろう。(理想を追い求める人は，過去から未来にわたって，陽性だった/陽性になるときのその状態の人全体とするかもしれませんが…。)

検査の感度を算出するためには，この母集団 Π をなす人 (= 標本点) 全てにわたって検査ができれば理想的であるが，現実にそれを遂行するには

- お金や時間などのコストがかかりすぎる，
- 陽性である人全てを特定しておくことが難しい (これができればそもそも検査は要らない)，

という問題がある。そして検査の感度を調べる手続きとしては，「この母集団 Π から無作為に人を選んで標本を作り，彼もしくは彼女を検査する」という標本調査を行うことになる。被験者の選ばれ方の独立性を保証するためには，母集団 Π から毎回各被験者を選ばなければならず，ゆえに同じ人が何回も選ばれることもあるかもしれない (過去に検査を受けた人を Π から除いて次の被験者を選んではいけないということです)。もちろん，その人が何回も選ばれたとき，過去の検査結果は保持せずに，そのたびに検査しなければならない (これがこの文脈における復元抽出法の意味です) ということになるであろう。

例 題　標本調査としての 1 回のコイン投げ

コインを 1 回投げるという試行 (experiment) を行ったところ，その結果「表」が出たとする。この状況は，どのような母集団から標本調査をしたと考えられるか。

Point:

何を標本点と考えたいかで，据えるべき母集団が自ずとみえてくる。

解答例

コイン投げ 1 回の結果は，表が出るか裏が出るかしか考えられない。(コインが側面を床にして立つというような意地悪な可能性は考えないことにします。)

　そこで表と裏の 2 つを標本点として考えるためには，母集団はそれらからなる集合 $\Pi = \{$ 表, 裏 $\}$ としておくことになるであろう。あるいは表を数字の 1 に対応させ，裏を数字の 0 に対応させるならば，母集団は $\Pi = \{1, 0\}$ と考えてもよい。(この場合，標本点は「表が出た回数」を表すことになりますが，実質的に「表が出たか，裏が出たか」と同じことと考えられます。)

　この状況を整理してみると...

① コインを投げたら
例えば表が出た。

② この状況は母集団 Π から無作為に
表が選ばれたことにほかならない。

と考えることができる。

　つまりこの文脈において，コインを 1 回投げることは「母集団 Π から大きさ 1 の標本を抽出する」という標本調査を 1 回行うことと同義と考えられる。

例 題 標本調査としての 2 回のコイン投げ—その 1

> コインを 2 回投げるという試行を行ったところ，その結果 1 回目は表，2 回目は裏が出たとする。この状況は，どのような母集団から標本調査をしたと考えられるか。

解答例

起こりうる 1 回目の結果と 2 回目の結果を並べて得られる列

$$表表 \quad 表裏 \quad 裏表 \quad 裏裏$$

を標本点として考えるためには，母集団を

$$\Pi = \{\, 表表, 表裏, 裏表, 裏裏 \,\}$$

として据えることになるであろう。

コインを 2 回投げたとき，1 回目は表，2 回目は裏が出たという状況を標本調査の視点で考えてみると...

① 1 回目のコイン投げでは　　　　② 2 回目のコイン投げでは
　　表が出た。　　　　　　　　　　　裏が出た。

 表　　　　　 裏

③ これらの結果を並べてみれば，この状況は
母集団 Π から標本点 '表裏' が選ばれたということです。

となる。

つまりこの設定の下では，コインを 2 回投げることは，「Π から大きさ 1 の標本を抽出する」という標本調査を 1 回行うことにほかならない。

【演習問題 2.1】〈標本と標本点の違いに注意! (解答: p. 199)〉
2 回のコイン投げの結果，「0 回表が出たということ」，「1 回表が出たということ」，「2 回表が出たということ」は，それぞれ上記の母集団 Π からどの標本が選ばれたことになるか?

| 例 題 | **2 回のコイン投げにおける母集団の設定—その 2** |

コインを 2 回投げるという試行を行ったところ，その結果 1 回目は表，2 回目も表が出たとする。この状況は，どのような母集団から標本調査をしたと考えられるか。

🗗 **Point:**

同じ試行を考えていても，設定次第でニュアンスの異なる標本調査になる!

| 解答例 |

前問と同様に母集団を設定してもよいのだが，今回はコインの表と裏の 2 つを標本点とする母集団 $\Pi = \{$ 表, 裏 $\}$ を考えてみる。

コインを 2 回投げたとき，連続して表が出たという結果を，標本調査の視点で眺めるとすれば...

① 1 回目のコイン投げでは
　表が出たとすると...

② これは母集団 Π から無作為に
　表が選ばれたことにほかならない。

③ 2 回目のコイン投げでも
　表が出ることはありえる。

④ つまり母集団 Π からまた
　表が選ばれたということ。

となる。

この文脈において，コインを 2 回投げることは「Π から大きさ 2 の標本を抽出する」という標本調査を行うことにほかならず，しかもこの調査は自動的に復元抽出法を採用していることになる。

あるいは，「Π から大きさ 1 の標本を抽出する」という標本調査を 2 回行い，2 つの標本を手に入れることと考えてもよい (が，本書では主に標本調査は1 回だけ行うことを考えます)。

例 題 ‖ 2 回のコイン投げにおける母集団の設定―もっと自由に!

> コインを 2 回投げるという試行を行ったところ,その結果 1 回目は表,2 回目も表が出たとする。この状況は,どのような母集団から標本調査をしたと考えられるか。

▫ **Point:**

興味のあることに向けて母集団を設定してください!

解答例

例えば,2 回のコイン投げの結果,「何回目に表が出たか」ではなく,「何回表が出たか」のみに興味があるとしよう。2 回のコイン投げの場合,表が出る回数は 0, 1, 2 のどれかになる。

そこでこれらの数を標本点として考えるために,母集団は $\Pi = \{0, 1, 2\}$ と設定しておこう。すると,コインを 2 回投げるということは,「Π から大きさ 1 の標本を抽出する」という標本調査を 1 回行うことと理解できる。

今回の標本調査の結果は,母集団 Π から標本点 2 (2 回表が出たということ) が無作為に選ばれたということになる。

【演習問題 2.2】〈設定のデザイン (解答: p. 199)〉

友人に,たくさんの黒ごまと白ごまがまんべんなく混ざり合った袋を渡した。友人がこの袋から 30 粒のごまを無作為に取り出したところ,そのうち 3 粒が白ごまであった。この試行は,どのような母集団からの (本章の文脈における) 標本調査をしていると考えられるか?

▌2.2 確率論からの基本的な概念

2.2.1 事象と事象の演算

確率を割り当てることのできる事柄を**事象** (event) という。事象 A に割り当てられる確率を $\mathbf{P}(A)$ により表し **"事象 A が起こる確率"** と読む。事象 A がそもそも起こりえないときには $A = \varnothing$ と書き,これを**空事象**とよぶ。その確率は $\mathbf{P}(A) = \mathbf{P}(\varnothing) = 0$ とする。2 つの事象 A と B に対して新しい事象 $A \cap B$ と $A \cup B$ を次で定める。

$$A \cap B = (A \text{ と } B \text{ が同時に起こる事象}), \qquad A \cup B = \begin{pmatrix} A \text{ と } B \text{ のうち,少なく} \\ \text{とも一方が起こる事象} \end{pmatrix}.$$

"確率" という概念には,暗黙のうちに次の性質 (a), (b) を仮定している。

✏ <u>確率のルール</u>

(a) 考えられる最も大きな事象 Ω は $\mathbf{P}(\Omega) = 1$ をみたす。事象 Ω は**全事象** (**certain event**) とよばれる。

(b) 2 つの事象 A, B が**排反** (**disjoint**),つまり $A \cap B = \varnothing$ のとき,$\mathbf{P}(A \cup B) = \mathbf{P}(A) + \mathbf{P}(B)$ が成り立つ。

事象 A に対して,"A が起こらない" という事柄もまた一つの事象となる。これを A^c で表し,A の**余事象** (**complementary event**) とよぶ。この定義より A と A^c は排反であり,$A \cup A^c = \Omega$ となるので,特に $\mathbf{P}(A) + \mathbf{P}(A^c) = 1$ が成り立つ。

✏ <u>事象の表し方とその確率の表し方</u>

確率的な試行に関して述べられた文 P に対して "P が正しい" という事象を考えることができる。これを $\{P \text{ は正しい}\}$,もしくは単に $\{P\}$ と表す (文 P からなる集合という意味ではありません! この差異は文脈ごとに区別します)。**事象を表すことを意図して書かれた $\{...\}$ は,"... となる事象"** と考えればよい。上の規則によると,"事象 $\{...\}$ が起こる確率" は $\mathbf{P}(\{...\})$ で表すことになるが,通常は $\{\ \}$ を省略して $\mathbf{P}(...)$ と表す。

2 つの事象 $\{...\}$ と $\{***\}$ が同時に起こる事象 $\{...\} \cap \{***\}$ は $\{\ ... \ ; \ *** \ \}$ と略記される (2 つの文の間に記号 ";" を挟むということ)。事象の数が増えても用法は同じ。

例 題 事象を表す記号 {...}, P(...) 内での {} の省略, "；" の使い方に慣れよう。

(1) コインを 1 回投げることを考えるとき, "表が出る" という文を考える。「表が出る」という事象と, その確率を記号で表せ。

(2) コインを 2 回投げることを考えるとき, 「1 回目に表が出て, 2 回目に裏が出る」という事象と, その確率を記号で表せ。

解答例

(1) 記号 { 表が出る } で表が出る事象を表す。前ページの説明によると, この確率は $\mathbf{P}(\{\,$表が出る$\,\})$ または $\mathbf{P}($表が出る$)$ と表される。

(2) コインを 2 回投げるとき, 前ページの説明によると「1 回目に表が出て, 2 回目に裏が出る」という事象は

$$\{\,1\text{ 回目に表が出る}\,\} \cap \{\,2\text{ 回目に裏が出る}\,\}$$
$$= \{\,1\text{ 回目に表が出る}\,;2\text{ 回目に裏が出る}\,\}$$

と表してよい。この確率は

$$\mathbf{P}\big(\{\,1\text{ 回目に表が出る}\,\} \cap \{\,2\text{ 回目に裏が出る}\,\}\big)$$
$$= \mathbf{P}(\{\,1\text{ 回目に表が出る}\,;2\text{ 回目に裏が出る}\,\})$$
$$= \mathbf{P}(1\text{ 回目に表が出る}\,;2\text{ 回目に裏が出る})$$
$$= \frac{1}{4} = \frac{1}{2} \times \frac{1}{2} = \mathbf{P}(1\text{ 回目に表が出る})\mathbf{P}(2\text{ 回目に裏が出る})$$

のように表すことができる。これは, 次ページで説明するように, 2 つの事象 { 1 回目に表が出る } と { 2 回目に裏が出る } が独立であることを意味している。

【演習問題 2.3】〈解答: p. 200〉

コインを 2 回投げることを考えるとき, 「2 回続けて表が出る」事象と, その確率を記号で表せ。

2.2.2　事象の独立性

定義 2.1〈事象の独立性・条件付き確率〉

2 つの事象 A, B が与えられたとする。

(i) 事象 A と B が独立(どくりつ) (independent) であるとは，$\mathbf{P}(A \cap B) = \mathbf{P}(A)\mathbf{P}(B)$ が成り立つことをいう。

(ii) $\mathbf{P}(B) > 0$ のとき，$\dfrac{\mathbf{P}(A \cap B)}{\mathbf{P}(B)}$ を $\mathbf{P}(A|B)$ で表し，事象 B の下(もと)での A の条件付き確率(じょうけんつきかくりつ)という。

なかなかわかりづらい独立性という概念

2 つの事象 A と B が独立であることを標語的にいえば，「事象 A が起こることと，事象 B が起こることのあいだには関係がない」という説明なのであるが，独立性を表す式 $\mathbf{P}(A \cap B) = \mathbf{P}(A)\mathbf{P}(B)$ の両辺を $\mathbf{P}(B)$ で割ると

$$\frac{\mathbf{P}(A \cap B)}{\mathbf{P}(B)} = \mathbf{P}(A) = \frac{\mathbf{P}(A)}{\mathbf{P}(\Omega)}$$

となる。この左辺 $\dfrac{\mathbf{P}(A \cap B)}{\mathbf{P}(B)}$ は，「事象 B が起こる可能性に占める，事象 A が起こる可能性の割合」のようなものを表しているといえる。このいい回しに倣(なら)えば，右辺の $\dfrac{\mathbf{P}(A)}{\mathbf{P}(\Omega)}$ は，「全体の可能性に占める，事象 A が起こる可能性の割合」を表しているといえる。これらが等しいということは，「事象 B が起こるシナリオにおける事象 A の起こりやすさ」はそもそも事象 B が起こるかどうかには関係がない，という解釈につながる。よって，「A が起こる可能性と B が起こる可能性がぐちゃぐちゃに混ざり合った状態」にあることが想像できる。上の式から次のこともわかる。

事象の独立性と条件付き確率の関係

2 つの事象 A と B について $\mathbf{P}(B) > 0$ のとき，次の 2 条件は同値である。

(1) 事象 A と B は独立である。

(2) $\mathbf{P}(A|B) = \mathbf{P}(A)$.

例 題 **検査精度に関する注意**

> 200 人に 1 人がある疾患をもっているとする。この疾患に関して，ある検査は 90% の精度をもっている。全人口から無作為に 1 人が選ばれ，検査をした結果，陽性と出た。この人は「ほぼ確実な 90% の検査を受けて陽性と出たのであるから，自分には疾患をもっている可能性が 90% あるのだ」と考えた。この考えは正しいか?

 ここでの「精度」の意味: $\mathbf{P}(\text{陽性} \mid \text{疾患有}) = \mathbf{P}(\text{陰性} \mid \text{疾患無}) = 90\%$

解答例

検査結果が陽性であるとき，実際に疾患をもっている確率を求める。選ばれる人について，検査結果が陽性である事象を $A = \{\,\text{陽性}\,\}$，実際に疾患をもっている事象を $B = \{\,\text{疾患有}\,\}$ とおくと，

$$\mathbf{P}\left(\text{選ばれた人が疾患をもっている} \,\middle|\, \text{選ばれた人の検査結果が陽性である}\right)$$

$$= \mathbf{P}(B|A) = \frac{\mathbf{P}(A \cap B)}{\mathbf{P}(A)} = \frac{\mathbf{P}(A \cap B)}{\mathbf{P}(A \cap B) + \mathbf{P}(A \cap B^c)}$$

$$= \frac{\mathbf{P}(A|B)\mathbf{P}(B)}{\mathbf{P}(A|B)\mathbf{P}(B) + \mathbf{P}(A|B^c)\mathbf{P}(B^c)}$$

$$= \frac{\mathbf{P}(\text{陽性} \mid \text{疾患有})\mathbf{P}(\text{疾患有})}{\mathbf{P}(\text{陽性} \mid \text{疾患有})\mathbf{P}(\text{疾患有}) + \mathbf{P}(\text{陽性} \mid \text{疾患無})\mathbf{P}(\text{疾患無})}$$

$$= \frac{90\% \times \frac{1}{200}}{90\% \times \frac{1}{200} + 10\% \times \frac{199}{200}} = \frac{90 \times 1}{90 \times 1 + 10 \times 199} = \frac{90}{2080} \fallingdotseq 0.04 = 4\%$$

検査では陽性であっても実際に疾患をもっている確率は 4% ほどしかないのである。しかしこれは，検査結果が陽性であった人たちを無作為にたくさん選び，その中で実際に疾患がある人の割合であるにすぎない。この確率の小ささが結局のところ気休めにつながるであろうか? (例えば特定のその人が，実際に疾患をもっているか否かは確率的に決まるものではないのに!)

例 題 　検査精度を調べるための標本調査——その2

流行しているある疾患について，ある検査の感度

$$\frac{(実際に疾患のある人のうち，検査で陽性と判定される人数)}{(実際に疾患のある人数)}$$

を調べたいとしよう。実際に疾患をもつ人全体 Π を母集団と定めて，母集団 Π から無作為に検査の被験者 X さんを選ぶとき，知りたい感度とは

$$\mathbf{P}(X \text{ の検査結果は陽性})$$

で表されるであろう。この値を近似的に算出するためには，例えば，母集団 Π から「無作為に人 ($=$ 標本点) を選んで彼もしくは彼女を検査する」という作業を各々独立に何回も標本調査を行い，

$$\frac{(\Pi \text{ から選んだ人のうち，検査によって陽性と判定された人数})}{(\Pi \text{ から選んだ人数})}$$

を計算することを思いつく。

(1) Π から無作為に被験者 X さんを選ぶ際に考えられる困難を考えよ。

疾患をもつ人 (患者) 全体 Π から (頭の中で) "無作為に" 選ぶ被験者 X さんは，当然疾患をもっている。検査の試薬の反応には個人差があるであろうが，検査にはその意義からして理想的には「**患者が検査によって陽性と判定されるか否か**」には患者間での個人差がないことが求められる。(実際，究極的には患者に対しては必ず陽性と判定する検査方法の開発を目指しているわけです... もちろん現実には個人差があるでしょうが。)

(2) そこで，「X の検査結果」と「X が既に報告されている患者であるか」は関係がない，という考えを数式で表し，標本調査について考察せよ。

□ **Point:** 理論と現実のはざまにある統計学の苦悩

解答例

(1) 流行病であるので疾患をもっている人はたくさん報告されているものの，疾患がある人全体 (つまり Π そのもの) を特定しておくことが現実的には難しい。したがって頭の中では，Π から無作為に人を選びたいが，これを現実的に実行することはできない。

(2) 数学的な表現をするなら，「X の検査結果」と「X が既に報告されている患者であるか」は独立である，となる。数式で書けば

$$\mathbf{P}(X\text{ の検査結果は陽性})$$

$$= \mathbf{P}\Big(X\text{ の検査結果は陽性}\mid X\text{ は既に報告されている患者である}\Big)$$

となる。

　　―― もちろん，理論と現実には乖離(かいり)があるでしょうから，右辺の条件付き確率の定義において分母に現れる確率 $\mathbf{P}(X\text{ は既に報告されている患者である})$ が 0 に近くならない，つまり，報告されている患者全体はある程度の大きさが必要でしょう。

すると，いま知りたかった感度は

$$\mathbf{P}(X\text{ の検査結果は陽性})$$

$$= \mathbf{P}\Big(X\text{ の検査結果は陽性}\mid X\text{ は既に報告されている患者である}\Big)$$

$$= \frac{(\text{既に報告されている患者全体のうち，検査をして陽性と判定された人数})}{(\text{既に報告されている患者の人数})}$$

と表される。Π というよりも，むしろ既に報告されている患者全体を母集団とする標本調査に帰着され，より現実的なものとなる。

2.2.3　確率変数と確率質量関数

試行 (もしくは標本調査) の結果, 値が明らかになる変数を**確率変数** (random variable)
という。確率変数を表すのに $X, Y, Z, W, \ldots$ などの文字がよく用いられる。

定義 2.2 〈実現値〉

試行の結果, 確率変数 X がとった 値 を, どれも X の実現値という。

  —— 確率変数を大文字のアルファベットで表すとき, その確率変数の実現値を一般に
記号で表す際には, 多かれ少なかれ対応する小文字のアルファベット (またはそ
れにに準じる文字) で表す習慣があります。例えば, 確率変数を X で表すとき,
その実現値は x もしくはそれに準じる $x_1, x_2, x_3, \ldots$ で表すなど。

---

p. 88 の内容を思い出すと, 確率変数 X に対して, 記号 $\{X = 1\}$ は「確率変
数 X の値が 1 をとる事象」を表し, 記号 $\{1 \leqq X \leqq 3\}$ は「確率変数 X が 1 以
上 3 以下の値をとる事象」を表すことになる。これらの確率はそれぞれ $\mathbf{P}(X = 1)$,
$\mathbf{P}(1 \leqq X \leqq 3)$ のように表される。また, X は必ず $-\infty$ から ∞ までの値をとるから
$\{-\infty < X < \infty\} = \Omega$ となり, ゆえに $\mathbf{P}(-\infty < X < \infty) = \mathbf{P}(\Omega) = 1$ が成り立つ。

定義 2.3 〈離散型の確率変数〉

確率変数 X が**離散型** (discrete) であるとは, 相異なる数 $x_1, x_2, \ldots$ で全ての
$i = 1, 2, \ldots$ に対して $f_i = \mathbf{P}(X = x_i) > 0$ かつ $\sum_i f_i = 1$ となるものが存在す
ることをいう。このとき,

(i) この $f = (f_1, f_2, \ldots)$ を X の**確率質量関数** (probability mass function,
p.m.f.) とよぶ。

(ii) 関数 $g(x)$ が与えられたとき, この変数 x に確率変数 X を代入してでき
る新たな確率変数 $g(X)$ の**期待値** (expectation) を

$$\mathbf{E}[g(X)] = \sum_i g(x_i) f_i$$

により定める。

| 例 題 | 離散型確率変数の例 |

1 枚のコインを 2 回投げる試行において，母集団を

$$\Pi = \{\,\text{表表}, \text{表裏}, \text{裏表}, \text{裏裏}\,\}$$

と設定する。1 回のコイン投げにつき，表が出たら 1 を，裏が出たら 0 を数えることにする。このとき，表の出る回数を X で表すと，これは 2 回のコイン投げという試行の結果を見とどけないと値がわからないから確率変数と考えられる。事象 $\{X = 0\}$, $\{X = 1\}$, $\{X = 2\}$ が起こるとき，Π から選ばれうる標本点からなる標本はそれぞれどのようになるか。また，それぞれの事象が起こる確率を求めよ。

口 **Point:** 標本点 $\in$ 標本 です!

| 解答例 |

事象 $\{X = 0\}$ が起こるとき，裏が 2 回出たということだから，Π から標本点 裏裏 が取り出されたことになる。標本として表せば $\{\,\text{裏裏}\,\}$ である (これは事象を表しているのではなく，裏裏 という標本点のみからなる集合を表します)。このように考えると，次の表を得る。

事　象	$\{X = 0\}$	$\{X = 1\}$	$\{X = 2\}$
上の事象が起こるとき，Π から選ばれうる標本点からなる標本	$\{\,\text{裏裏}\,\}$	$\{\,\text{裏表}, \text{表裏}\,\}$	$\{\,\text{表表}\,\}$
上の事象が起こる確率	$\dfrac{1}{4}$	$\dfrac{1}{2}$	$\dfrac{1}{4}$

例 題	離散型確率変数の期待値の計算

前ページの例題において，1 回の
コイン投げにつき表が出る確率を
p とする。このとき，右の表を完
成させて，X の期待値 $\mathbf{E}[X]$ を求
めよ。

X の実現値の候補 x	**p.m.f.** $f_x = \mathbf{P}(X = x)$
0	
1	
2	

解答例	$\mathbf{E}[X]$ と **1** 次元データ $x = (0, 1, 2)$ の平均値 $\bar{x}$ は意味が違う!

$f_0 = \mathbf{P}(1$ 回目に裏が出る$; 2$ 回目に裏が出る$) = \mathbf{P}(1$ 回目に裏が出る$) \times$
$\mathbf{P}(2$ 回目に裏が出る$) = (1-p)^2.$ 同様に $f_2 = p^2.$ 事象 $\{X = 1\}$ は

$$\{X = 1\} = \{ \text{表が } 1 \text{ 回だけ出る} \}$$
$$= \{ 1 \text{ 回目に表が出る}; 2 \text{ 回目に裏が出る} \}$$
$$\cup \{ 1 \text{ 回目に裏が出る}; 2 \text{ 回目に表が出る} \}$$

というように互いに排反な事象の和に書けるので，

$$f_1 = \mathbf{P}(1 \text{ 回目に表が出る}; 2 \text{ 回目に裏が出る})$$
$$+ \mathbf{P}(1 \text{ 回目に裏が出る}; 2 \text{ 回目に表が出る})$$
$$= p(1-p) + (1-p)p = 2p(1-p).$$

このとき，表は右下のように埋めることができる。

以上により，期待値の定義 (定義 **2.2.3**, **p. 94**)
に当てはめると

$$\mathbf{E}[X] = 0 \cdot f_0 + 1 \cdot f_1 + 2 \cdot f_2 = 2p.$$

x	f_x
0	$(1-p)^2$
1	$2p(1-p)$
2	p^2

【演習問題 2.4】〈解答: **p. 200**〉

上の例題において $\mathbf{E}[X^2]$ と $\mathbf{E}[(X - \mathbf{E}[X])^2]$ を求めよ。

| 例 題 | **Yes/No でみる世論の分布** |

内閣支持率が 20% の集団から無作為に 10 人を抽出するとき，そのうちの支持者の数 S の確率質量関数を求めよ．

 二項分布 **binomial**(n, p) (ただし n は自然数，$0 \leqq p \leqq 1$)

$\lceil X \sim \text{binomial}(n, p) \rfloor$ とは，次が成り立つことを表す ($_n\text{C}_k$ の定義は **p. 191**)．

$\underbrace{}$
"X は $\text{binomial}(n, p)$ に従う"
と読む．

$$\mathbf{P}(X = k) = {_n\text{C}_k}\, p^k (1-p)^{n-k}, \qquad k = 0, 1, 2, \ldots, n$$

解答例

S は $0, 1, \ldots, 10$ のいずれかの値しかとりえない．このうち，k という数をとる確率は

$$\mathbf{P}(S = k) = \mathbf{P}(10\,\text{人中, } k\,\text{人が支持している})$$

と表せる．10 人中，内閣を支持している k 人の組合せが 1 つ選ばれたとき，彼らは他人の意見に影響されることなく支持するので，その確率は $(20\%)^k (80\%)^{10-k}$ である．10 人中，内閣を支持している k 人を選ぶ組合せは $_{10}\text{C}_k$ 通りあるから，S の確率質量関数 f_k は

$$f_k = \mathbf{P}(S = k) = {_{10}\text{C}_k}(20\%)^k (80\%)^{10-k}$$
$$= {_{10}\text{C}_k}(0.2)^k (0.8)^{10-k},$$

ただし $k = 0, 1, 2, \ldots, 10$．ゆえに $S \sim \text{binomial}(10, 0.2)$．一般には

$$\begin{pmatrix} \text{内閣支持率 } 100p\%\text{ の集団から} \\ n\,\text{人を抽出するとき，そのうちの} \\ \text{支持者の数} \end{pmatrix} \sim \text{binomial}(n, p)$$

ということになる．

例 題　　**大集団における有病者数**

正の数 λ と自然数 n (ただし $n > \lambda$) をとる。ある疾患について，各個人に
その疾患がある確率 p は皆等しく，疾患の有無は他人に影響されないことが
わかっている。さらに既に全人口のうち平均 λ 人がその疾患をもっている
という。しかし世界中に n 人の人間がいるとしても，n の正確な値がわから
ないうえに，n は非常に大きな数であるので，いっそうのこと $n \to \infty$ とし
たときに各 $k = 0, 1, 2, \ldots$ に対して，その疾患をもっている人数が k 人で
ある確率を知りたいと考えた。

まずは，世界中でその疾患をもっている人数を S_n とおく。

(1) $\left(\begin{array}{c}\text{世界中でその疾患を}\\\text{もっている平均人数}\end{array}\right) = \lambda$ であることから $p = \dfrac{\lambda}{n}$ を導け。

(2) S_n が従う分布を求めよ。

(3) 各 $k = 0, 1, 2, \ldots$ に対して $\displaystyle\lim_{n\to\infty} \mathbf{P}(S_n = k)$ を計算せよ。

ポアソン
Poisson 分布 Poisson(λ) (ただし $\lambda > 0$)

「$X \sim \mathrm{Poisson}(\lambda)$」とは，次が成り立つことを表す ($n!$, e^x の定義は **p. 192**)。

$$\mathbf{P}(X = n) = \mathrm{e}^{-\lambda}\frac{\lambda^n}{n!}, \qquad n = 0, 1, 2, \ldots$$

解答例

(1)　有病率は $100p\%$ であるので，n 人中，平均 np 人がその疾患をもって
いるといえる。ゆえに

$$\lambda = (\text{世界中でその疾患をもっている平均人数}) = np,$$

つまり $p = \dfrac{\lambda}{n}$.

(2) 前の例題と同様にして

$$S_n = \begin{pmatrix} \text{有病率 } 100p\% \text{ の集団である} \\ n \text{ 人のうち疾患をもつ人の数} \end{pmatrix} \sim \text{binomial}(n, p).$$

(3) 各 $k = 0, 1, 2, \ldots$ に対して

$$\mathbf{P}(S_n = k) = {}_nC_k p^k (1-p)^k = \frac{n!}{(n-k)!k!} \left(\frac{\lambda}{n}\right)^k \left(1 - \frac{\lambda}{n}\right)^{n-k}$$

$$= \underbrace{\left(\frac{n}{n}\right)\left(\frac{n-1}{n}\right) \cdots \left(\frac{n-k+1}{n}\right)}_{\xrightarrow{n \to \infty} 1} \times \left(\frac{\lambda^k}{k!}\right) \times \underbrace{\left(1 - \frac{\lambda}{n}\right)^{-k}}_{\xrightarrow{n \to \infty} 1} \times \underbrace{\left(1 - \frac{\lambda}{n}\right)^n}_{\xrightarrow{n \to \infty} e^{-\lambda}}$$

$$\xrightarrow{n \to \infty} e^{-\lambda} \frac{\lambda^k}{k!}.$$

(つまり, $n \to \infty$ のとき, その疾患をもっている人数は **Poisson** 分布に従います!)

Poisson の少数の法則

この問題でわかったことを標語的にいえば

$$\left\lceil \text{binomial}(n, p) \overset{np = \lambda = (\text{一定}),}{\underset{n \to \infty}{\longrightarrow}} \text{Poisson}(\lambda) \right\rfloor$$

と表現できる。$np = \lambda$ を一定に保ちながら個体数 n を大きくしていくとき確率 p は小さくなっていくが, このように Poisson(λ) は, 起こる確率が大きな集団の中に拡散されて, きわめて稀な事象が何回起こるかを表す分布なのである。

例えば, 一定期間内に起こる交通事故の件数や大地震の頻度の予測モデルに用いられる。Poisson 分布は科学者 Siméon Denis Poisson (1781–1840) によって導入された確率分布であるが, その後 統計学者の Ladislaus Bortkiewicz が彼の著書の中で少数の法則を発表し, そのときに Poisson にちなんで名づけられた。Bortkiewicz は, ある時代の 20 年間, プロセイン陸軍で馬に蹴られて死亡した兵士の数を 1 年間当たりに換算した件数の分布が Poisson(0.61) によく従うことを示している。

2.3 表計算ソフトについて

本書では，一般的な表計算ソフトで利用可能な関数のみを用いて例題や演習問題を
解いていくこともある。代表的な表計算ソフトには，Microsoft 社の Excel，Apple
社の Numbers (これはパソコン版だけではなく iPhone 版と iPad 版も提供されてい
る)，Google 社の Google Spreadsheet を挙げられる。どの表計算ソフトでも動作す
るように標準的な関数のみを用いて問題を解いていくので，効率や速度的には最適な
ものには必ずしもなってはいない。説明するためには表計算ソフトを一つ決めておい
たほうが便利であるので，本書では全て Numbers を用いた説明を行う。(他社の表計
算ソフトでも多少の見た目が異なるだけで動作させることができる。)

まず，Numbers を起動して，**新規作成**を選ぶと図 2.1 のような画面が出てくる。

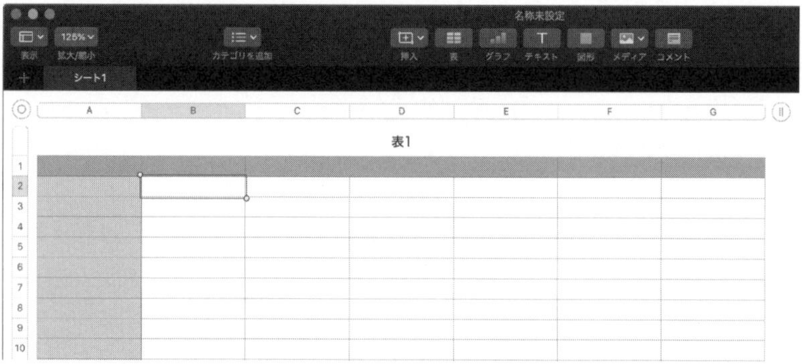

図 2.1 Numbers を起動して**新規作成**を選び，新しくシートを作成する。

この画面に表示されているシート内のセルに文字 (数字と数値は見た目は同じだが
区別して扱われるので注意しよう。つまり，数字は単なる文字として扱われるのに対
して，数値は計算に使用可能なものとして扱われる) や数値を入力したり関数を入力
したりすることで例題や演習問題を解いていく。セルに入力するとき，単純に文字列
を表示さえすればよいときには**文字列入力**といい，内容を評価してほしいもの (セル
の位置や関数など) をセルに入力するときには**評価用入力**とよぶことで区別する。

各セルの位置は「B2」のように評価用入力を行うことで指定できる。図 2.1 では，

B 列 2 行目のセル，つまり B2 セルが入力のために選択されている。セルの位置を指定したり数値や関数を入力する際には，**半角の英数入力モード**になっていることを確認してから，キーボードの「=」キー (シフトキーを押したままで「-」キーを押します) を入力することで評価用入力ができるようになる。

　全角文字 (かな) 入力モードで入力された場合には単なる文字列として扱われるため，セルの位置指定や関数の定義などはできないので注意が必要である。その他の操作等については，適宜必要になったときに説明する。

▍2.4 標本分布

これから 2.4.11 項 (**p. 146**) の終わりまで, (具体的なヒストグラムを描くときを除いて) 実際に標本調査をする前の段階で人間が考えられるいくつかの事項を紹介する。

🗔 **Point: これから暫くは標本調査を実際に行う前の立場の視点です!**

標本調査を実施する前の段階では, 母集団 Π から無作為に標本点 X を 1 つ得ることを考えるとき, それが実際にどのような数値を与えるかはわからない。そこでこの X を確率変数と考えることにしよう。これは試行の結果, つまり標本調査が実施されたら値が決まるということである。

同一の母集団から n 個の標本点 $X_1, X_2, \ldots, X_n$ を復元抽出の形式で無作為に選ぶことを考える。これらが「各標本点の選び方が, 他の標本点の選び方に影響を与えない」という意味で独立に振る舞うと考えられるとき, これを大きさ n の無作為標本 (**random sample**) とよび, この n のことを, 選んだ標本の大きさ (**sample size**) とよぶ。

🖋 **参考: 確率変数の独立性**

上の無作為標本 $X_1, X_2, \ldots, X_n$ が "独立に振る舞う" とは, 数学的には, これらが確率変数として独立であることを要請したものである。この定義は, どんな数 $a_1, a_2, \ldots, a_n$ をとっても n 個の事象 $\{X_1 \leqq a_1\}, \{X_2 \leqq a_2\}, \ldots, \{X_n \leqq a_n\}$ が独立, つまり,

$$\mathbf{P}(X_1 \leqq a_1; X_2 \leqq a_2; \cdots; X_n \leqq a_n)$$
$$= \mathbf{P}(X_1 \leqq a_1)\mathbf{P}(X_2 \leqq a_2) \cdots \mathbf{P}(X_n \leqq a_n)$$

が成り立つことである。後に説明する大数の法則 (**p. 113**), 中心極限定理 (**p. 126**) や公式 (**p. 146**) などが成立するために重要な条件であるが, 本書ではこれらの事実の証明を与えない。それゆえ, この独立性という性質が以降に表だって現れることはないので, 確率変数の独立性の説明はこの辺にとどめておく。しかし, 「無作為標本」という言葉の中に「独立性」という条件も組み込まれていることを常に意識しておくとよい。

例 題	無作為標本に関する例題

無作為標本ではない例を挙げよ。

Point: 無作為かそうでないかに敏感になろう。

解答例

1 から 10 までの番号が付けられた 10 個の玉が 1 つの袋に入っているとしよう。この袋から番号 2 の付いた玉を取り出すと大きさ 1 の標本が得られるが,これは大きさ 1 の無作為標本とはいえない。実際に取り出す前からどの玉が取り出されるのか,結果がわかっているからである。

そこで,目隠しをした状態でこの袋から玉を 1 つ取り出し,その後,この玉を袋に戻すことなくもう 1 つの玉を取り出すことを考えてみる。すると,大きさ 2 の標本が得られることになる。最初に取り出す玉の番号を X_1,次に取り出す玉の番号を X_2 とおくと,例えば,$\mathbf{P}(X_1 = 1) = \frac{1}{10}$ かつ

$$\mathbf{P}(X_2 = 1) = \sum_{k=2}^{10} \mathbf{P}(X_1 = k; X_2 = 1)$$

$$= \sum_{k=2}^{10} \mathbf{P}(X_2 = 1 | X_1 = k) \times \mathbf{P}(X_1 = k)$$

$$= \sum_{k=2}^{10} \frac{1}{9} \times \frac{1}{10} = \frac{1}{10}$$

が成り立ち,X_1 と X_2 はそれぞれで同じような振る舞い方をすることがわかる。ところが「1 回目に番号 1 の玉を取り出し,2 回目にも番号 1 の玉を取り出す」事象は起こりえない,つまり $\{X_1 = 1; X_2 = 1\} = \varnothing$ であるから,$\mathbf{P}(X_1 = 1; X_2 = 1) = 0 \neq \frac{1}{10} \times \frac{1}{10} = \mathbf{P}(X_1 = 1)\mathbf{P}(X_2 = 1)$ となってしまう。よって X_1 の結果は X_2 の結果に影響を与え,独立に振る舞うとはいえないのである。

2.4.1 離散値をとる大きな無作為標本のヒストグラム

1 枚のコインについて，コイン投げをしたときの表と裏の出やすさについて調べたいとしよう。このためにコイン投げを n 回続けて，その結果を観察する。この状況は母集団を $\Pi = \{$ 表 (Head), 裏 (Tail)$\}$ と設定し，大きさ n の無作為標本 $X_1, X_2, \ldots, X_n$ を

$$X_i = \begin{cases} 1 & (i\,回目のコイン投げで表が出たとき) \\ 0 & (i\,回目のコイン投げで裏が出たとき) \end{cases} \quad i = 1, 2, \ldots, n$$

と設定することにほかならない。

正規化されたヒストグラム

実際に n 回のコイン投げをすると，$X_1, X_2, \ldots, X_n$ が実際にとった値からなる 1 次元データ $x = (x_1, x_2, \ldots, x_n)$ が得られることになる。この x に対するヒストグラムを考えると，例えば

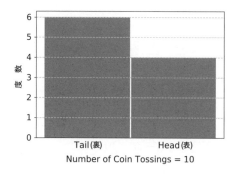

Number of Coin Tossings = 10

という具合になる (上図は $n = 10$ の場合)。この調子で n を大きくしていくと，縦軸の値が限りなく大きくなっていくので，すぐに視界に収まらなくなってしまうことが想像できる。そこで，各ビンの幅 (底辺の長さ) $= 1$ と考えたときに，ヒストグラムの総面積が 1 になるように，各階級の度数を n で割ってみよう。度数を全データの個数で割ったものは**相対度数** (relative frequency) とよばれる。すると，次のように縦軸に相対度数をもつ棒グラフが得られる。

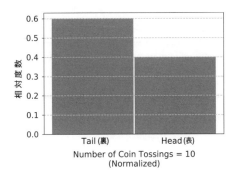

式で書けば,

$$(\text{階級 'Tail (裏)' の棒の高さ}) = \frac{\#\{i \leqq n : x_i = 0\}}{n},$$

$$(\text{階級 'Head (表)' の棒の高さ}) = \frac{\#\{i \leqq n : x_i = 1\}}{n}$$

という変換を行っているのである。ここで, $\{i \leqq n : ...\}$ は, 条件 "..." をみたすよ
うなデータ番号 i を全て集めた集合 (階級) を表しており, "$\#$" はそれに含まれる
要素の数 (度数) を取り出す操作を意味する記号である。この操作をヒストグラムの
正規化 (normalization) という。

コイン投げの回数 n の値を大きくしていき, そのたびに正規化されたヒストグラム
を描き続けると

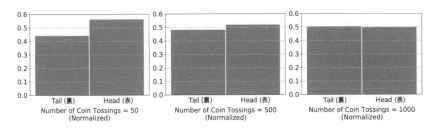

のように, 各ビンの高さがいずれ 0.5 に近づいていく。この事実は表と裏が出る確率
はそれぞれ $\frac{1}{2}$ であるという経験 (認識) と整合している。

例 題　実験してヒストグラムと正規化されたヒストグラムを描く

1 枚のコインを何回も投げて，表が出た回数と裏が出た回数についてのヒストグラムを作成せよ。

Tips: RAND 関数を使いこなそう!

解答例　**Numbers や Excel などのアプリを使ってみよう!**

Numbers を起動して新規作成を選び新しく例題用のシートを作り，図 2.1 (**p. 100**) の**表 1** をクリックしてタイトルを入力する。ここでのタイトルは「1 枚のコインを 1000 回投げる実験」としよう。このとき，1000 回分のコイン投げの試行結果を記録していくことになるが，表の行数が足りないことに気づく。そこで，行数を増やすことにしよう。

　下図を見るとわかるように，表の最下行の行番号が表示されている真下に記号「⊜」(丸の中に「＝」が入った記号) がある。この記号をマウス (タッチパッド) でドラッグすると行数を増やすことができる。今回は 1000 回の試行結果を記録するので，左側の行番号が 1001 になるまでドラッグし続けて行数を増やそう。

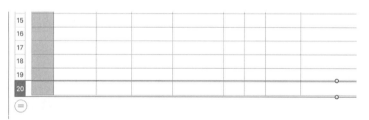

　さて，行数を増やしたらコイン投げを 1000 回繰り返せばよいのであるが，これを愚直にやるととても大変な作業になってしまう。そこで，まずは 2 回だけまじめに試行結果を入力しよう。実際にはコイン投げはせずに，乱数を発生させてコイン投げの試行の代わりを実現する。A2 セルに半角英数モードで「1」と入力し，B2 セルに文字列入力モードで「回目の試行」と入力す

る。C2 セルに評価用入力モード (半角英数モードにして「=」を入力する) で

「IF(RAND()<0.5,"表","裏")」

と入力する。(RAND() 関数は **0** 以上 **1** 未満の乱数を呼び出されるたびに返す関数です。その値が **0.5** 未満ならばコインの「表」が出たと解釈し，**0.5** 以上 **1** 未満ならばコインの「裏」が出たと解釈します。) これでコイン投げの 1 回の試行が実現できたことになる。しかし，このままでは後の計算ができないので，「表」と「裏」を実数に対応させよう。確率変数 X には，この対応づけを行う関数としての機能を担わせるのである。ここでは，$X(\text{表}) = 1$, $X(\text{裏}) = 0$ と対応づけることにしよう。そのためには D2 セルに

「IF(C2="表",1,0)」

のように評価用入力モードで入力する。(これは，C2 の内容が「表」ならば **1** を，そうでなければ **0** を返す関数になっています。) 続いて，A3 セルに半角英数モードで「2」と入力し，続くセルには先ほどと同様の内容をコピー＆ペーストする。その結果，次の図のようになる。

1枚のコインを1000回投げる実験　i 回目の確率変数の実現値 $X_i(\text{表}) = 1$, $X_i(\text{裏}) = 0$

	A	B	C	D
1			試行結果	Xの実現値
2	1	回目の試行	裏	0
3	2	回目の試行	表	1
4				
5				
6				
7				

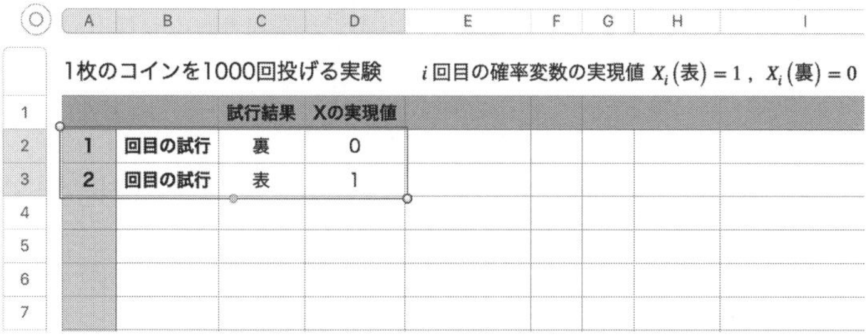

A2 セルから D3 セルまでをマウス (タッチパッド) で選択すると，上図のように四角形の底辺上に黄色い点が現れるので，この黄色い点をマウス (タッチパッド) で表の最終行 (1001 行目) までドラッグする。そうすると下図のように，A 列には数字が順番にコピーされ，B 列には先ほどの関数「IF(RAND()<0.5,"表","裏")」がコピーされ，C 列には関数「IF(C 行番号

="表",1,0)」がコピーされ，順次評価されていく。ここで IF 文中の C 行
番号の部分には，貼り付けられたセルの行番号が自動的に代入されていく。
(ドラッグする直前の状態として，1 回分だけでなく 2 回以上分の試行に対応する欄
を選択しておかないとうまくコピーされません!)

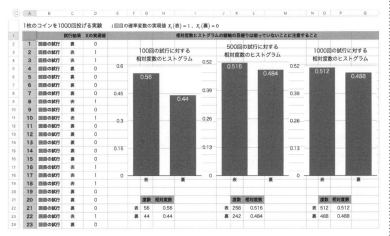

これで，1000 回のコイン投げの試行が終了したことになる。

　あとは，この結果を整理すればよい。まず，度数分布表を作ろう。上図に
は試行回数が 100 回，500 回，1000 回の場合を示しているが，どの試行回
数の場合も作業は同じであるので，1000 回の場合について説明する。相対
度数のヒストグラムの置き場を考慮して，上図では度数を調査した結果とし
て，O22 セルに 1 の個数を表示し O23 セルに 0 の個数を表示している。そ
れぞれ O22 セルには評価用入力モードで

$$\text{「COUNTIF(D2:D1001,1)」}$$

と入力し，O23 セルには

$$\text{「COUNTIF(D2:D1001,0)」}$$

と入力する。相対度数は，これらを総試行回数で割ることで得られる。その
結果を P22 セルに評価用入力モードで

$$「O22 \div A1001」$$

と入力し，P23 セルには

$$「O23 \div A1001」$$

と入力する（「÷」の記号は評価用入力モードで「/」（半角のスラッシュ）を入力すれば自動的に「÷」へ変換されます）。

　こうして得られた相対度数を棒グラフとして表示させれば上図で表示しているような相対度数のヒストグラムが現れる。コイン投げの試行結果はRAND() 関数を用いて得られている。どこでもよいので空いているセルに何か入力すると全ての関数が再評価されて新たな 1000 回のコイン投げの試行結果が得られる。乱数（擬似乱数）を用いているので，1000 回の試行結果よりも 100 回や 500 回の試行回数の場合が表または裏の相対度数がともに 0.5 に近い場合もある。なお，試行回数をもっと増やすと安定して表または裏の相対度数がともに 0.5 に近い状況になるが，マクロ機能をもたない表計算ソフトでは入力が大変であるので，これ以上試行回数を増やすのはやめておく。

【演習問題 2.5】〈解答: p. 201〉

上記のように，

$$「RAND()」$$

は 0 以上 1 未満の数をコンピュータが無作為に選び，その結果をセルに出力する（ようにみえる）関数であった。これを

$$「RANDBETWEEN(1,6)」$$

に変更すると，$1,2,3,4,5,6$ の中からコンピュータが無作為に選び，その結果をセルに出力する関数となる。これを用いて，サイコロを 100 回振ったときの，各目が出た回数に対するヒストグラムを作成せよ。

2.4.2　連続値をとる大きな無作為標本のヒストグラム

　ヒストグラムを描く際には，与えられたデータを階級分けしておく必要がある。と
りうる全ての実現値が既にわかっているような，離散的な値をとる無作為標本に対す
るヒストグラムを描くには，前節でみたように，それらの実現値で仕切られた階級を
こしらえてあげれば，最も詳しいヒストグラムが描けることになる。

連続的に値をとりうる無作為標本

　しかし，母集団 Π から取り出した**無作為標本が連続的な値をとりうる場合**，大きさ
n の無作為標本 $X_1, X_2, \ldots, X_n$ に対する正規化された**ヒストグラムを描くための適
切な階級分けがどういうものかわからない**。それでも，ヒストグラムを描くことによ
り標本の様子を把握したいので，適当な階級を設けることからはじめ，標本の大きさ
n を大きくしていきながら正規化されたヒストグラムを描き続けよう。

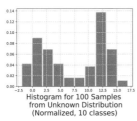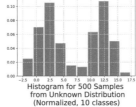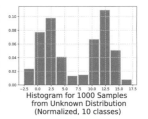

Histogram for 100 Samples
from Unknown Distribution
(Normalized, 10 classes)

Histogram for 500 Samples
from Unknown Distribution
(Normalized, 10 classes)

Histogram for 1000 Samples
from Unknown Distribution
(Normalized, 10 classes)

（上図は左から $n = 100, 500, 1000$ 個のデータ $X_1, X_2, \ldots, X_n$ を 10 個の階級に分け
たもの。）

　前項のように，得られる無作為標本の数 n が大きくなるにつれ，適当に階級分けし
て作った正規化されたヒストグラムは次第に大きな変化が見られなくなり，(標本調査
の結果に依らない) ある一定の形に落ち着く。途中のヒストグラムの形や，その変化す
る様子は，行う標本調査の機会や結果に依存して変わるが，最終的に落ち着いていく
形そのものは，それらの要因には依らない。つまり，考えている母集団や，そこから
無作為に選ばれる標本点の性質を直接反映していると期待できる。

　この段階においても母集団から無作為に選ばれた標本点の振る舞いをある程度掴ん
でいると考えられるが，先ほど固定した階級分けに 拘(こだわ) る理由はない。考えている無
作為標本は連続的に値をとりうるので，各階級幅の中でも様々な値をとっているかも

しれない。このことをより詳しくみるために，分ける階級の数を増やして (=階級幅^{かいきゅうはば}を小さくして) みよう。すると次図のように，無作為標本の性質がより顕著^{けんちょ}に現れる。

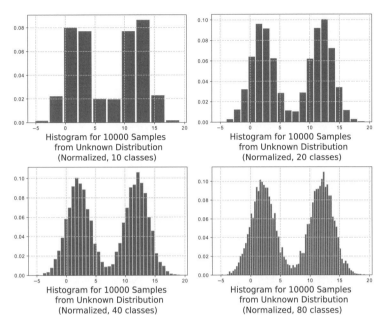

(上図は左上から $n = 10000$ 個のデータを 10, 20, 40, 80 個の階級に分けたもの。)

例 題

連続的に値をとりうる無作為標本の例を挙げよ。

解答例　実際に標本調査を行う前の立場で考えること!

人間を無作為に選んでその人の身長を測ることは，人間のとりうる身長 (cm
単位で測った数値) からなる母集団から大きさ 1 の無作為標本 X_1 を抽出す
ることにほかならない。無作為に選んだこの標本点 X_1 は，0 付近より大き
いところから 300 付近までのどのような数値もとりうる。

2.4.3 母集団分布と確率の関係—大標本の平均値に注目

　前項のように，母集団から連続的に値をとる大きな無作為標本を抽出して，その結果を見た後に徐々に階級幅を狭めながら正規化されたヒストグラムを作成していくと，最終的にヒストグラムの形状にフィットする曲線が<ruby>顕<rt>あらわ</rt></ruby>になる。

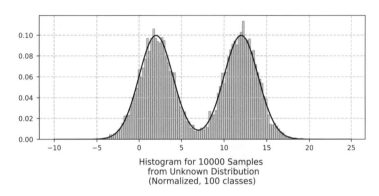

Histogram for 10000 Samples
from Unknown Distribution
(Normalized, 100 classes)

　このようにして現れる曲線の形を，この母集団 Π の<ruby>母集団分布<rt>ぼしゅうだんぶんぷ</rt></ruby>といい，この曲線をグラフにもつ関数を，母集団分布の<ruby>確率密度関数<rt>かくりつみつどかんすう</rt></ruby> (probability density function, **p.d.f.**) という。考える母集団ごとに，様々な母集団分布が現れる。

📝　ま と め

　　・階級分けを固定するごとに...

　　　n 個の無作為標本に対する
　　　正規化されたヒストグラムの形　$\Rightarrow$　$\left\{\begin{array}{l} n \text{ の値に応じて変化しうる。} \\ \text{次の標本調査の機会にまた同じ大きさの} \\ \text{無作為標本をとって描いても変化しうる。} \end{array}\right.$

　　・n を大きくしていくときに落ち着いていく正規化されたヒストグラムの形

　　　　$\Rightarrow$　次の標本調査の機会に同じことをやっても変わらない！

　　・そこで「n を大きくしていく」と同時に「階級分けを細かくしていく」と，落ち着いていく正規化されたヒストグラムの形は標本調査の機会に依らず，考えている母集団に固有のものとなる。

　　　　$\Rightarrow$　特に，母集団分布やその確率密度関数は母集団に固有のもの！

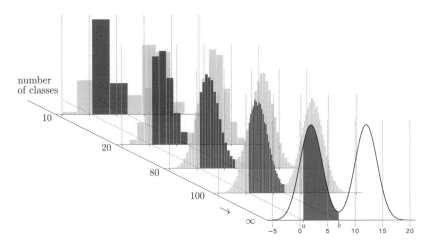

このようにして，母集団分布とよばれる曲線が現れるが，例えば上の図のような母集団分布のグラフが囲む部分の面積は何を表しているのであろうか。(上の図は母集団分布が横軸の $0.5 \sim 7$ の範囲で囲む部分の面積を黒く塗りつぶしています。)

大数の法則 (Law of Large Numbers)：母集団分布と確率の関係

母集団 Π から連続的な値をとりうる標本点 $X, X_1, X_2, \ldots$ を無作為に取り続けるとき，$a \leqq b$ なる全ての実数 a, b に対して，確率 1 で次が成り立つ。

$$\mathbf{P}(a \leqq X \leqq b) = \lim_{n \to \infty} \underbrace{\frac{\#\{i \leqq n : a \leqq X_i \leqq b\}}{n}}_{\substack{X_1, X_2, \ldots, X_n \text{ に対する} \\ \text{正規化されたヒストグラムに} \\ \text{おいて階級 } a \sim b \text{ が占める面積}}} = \left(\begin{array}{c} \text{母集団分布の \textbf{p.d.f.} が} \\ a \sim b \text{ で囲む部分の面積} \end{array} \right)$$

この大数の法則によると，母集団分布のグラフが横軸上の $a \sim b$ の範囲で囲む部分の面積は，その母集団から標本点 X を無作為に選ぶとき，不等式 $a \leqq X \leqq b$ が成り立つ確率を表しているというのである。(上の図の場合でいえば，母集団分布で黒く塗りつぶされた部分の面積が $\mathbf{P}(0.5 \leqq X \leqq 7)$ を表しているということです。)　また，いまのように連続的な値をとりうる標本点 X がちょうど 1 点 a をとる確率 $\mathbf{P}(X = a) = \mathbf{P}(a \leqq X \leqq a)$ は，母集団分布が $a \sim a$ で囲む部分，つまり線分の面積であるので 0 となる。特に，$\mathbf{P}(a \leqq X \leqq b) = \mathbf{P}(a < X < b)$ が成り立つのである。

例 題 大数の法則—詳細不明な母集団分布の正体を暴こう!

http://www.baifukan.co.jp/shoseki/kanren.html
からダウンロードできる Numbers 用のファイルを用い
て,未知の連続分布がどのような形をしているのかを,
母集団から復元抽出される標本点の個数を変えながら推
測してみよう。

解答例   Numbers や Excel などのアプリを使ってみよう!

ファイルを開くと下図のような画面が現れる。「50 点」・「100 点」・「500 点」・
「1000 点」と名前のついた合計 4 つのシートがあることに注意しよう。

　実際に操作するのは A 列に対する行数 (= 標本の大きさ) のみである。B 列
から BA 列までに縦に並ぶセルに入力されているのは (読者側からすると) 未
知の母集団分布に関する設定であり,A 列で指定された標本点の選ばれやす
さを評価するためのものである (だからいじらない!)。その結果として選ばれ
やすさが BB 列に表示されており,この値に応じて無作為標本を抽出し,そ
の結果をまとめたヒストグラムとして表示されているのである。

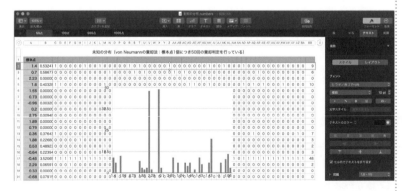

　ここでは母集団は閉区間 $[-1, 3]$ (−1 以上 3 以下の実数全体のこと) として
おり,ここから標本点を復元抽出するのであるが,計算の都合で 0.01 刻み

で母集団を分割し，その分割された母集団から標本点を抽出することにして
いる。シートの名前がそのまま復元抽出された標本の大きさを表している。

「50 点」という名前のシートを見てみよう。標本の大きさが 50 であるこ
とに対応して A2 セルから A51 セルまである。縦に並ぶこれらの標本点は選
ばれた順に並んでいるため，必ずしも上から小さい順 (昇順) に並んでいな
い。これに伴って上図のヒストグラムの横軸は (重なって見難いが) 数の大小
関係を反映した並びになっていないのである。

そこで Numbers の右上を見てみると「フォーマット」と「整理」という
ボタンがあるのがわかる (通常は「フォーマット」が選択されています)。この
うち「整理」ボタンを選択し，表の中にフォーカスをおいた状態で，その
後，Numbers の右側 (そこではいろいろな指定ができるようになっていますが，
デフォルトのままで大丈夫です) に横長に大きく表示される「今すぐ並べ替え」
をクリックする。並べ替えが終わると自動的にヒストグラムにもそれが反
映されて，下図のように正しいヒストグラムを得ることができる。

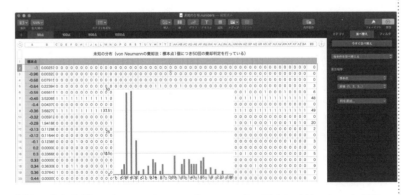

標本の大きさが 50 点，100 点，500 点，1000 点の場合に分けてシートが用
意されているので，各シートのタグをクリックした後，A 列が昇順になって
いなければ，「整理」ボタンを押して先ほどと同様の手順で昇順に並べ替え
る。こうして，各標本点の大きさに応じたヒストグラムを表示させることが
できる。どのような形をした連続分布なのか推測できるのであろうか?

2.4.4　統計量と標本分布

定義 2.4〈種々の統計量〉 --

母集団から大きさ n の無作為標本 $X_1, X_2, \ldots, X_n$ をとるとき,

$$\overline{X}_n = \frac{1}{n}\sum_{i=1}^{n} X_i, \quad V_n = \frac{1}{n}\sum_{i=1}^{n}(X_i - \overline{X}_n)^2, \quad U_n = \frac{1}{n-1}\sum_{i=1}^{n}(X_i - \overline{X}_n)^2$$

をそれぞれ**標本平均** (sample mean), **標本分散** (sample variance), **不偏標本分散**
(unbiased sample variance) という。さらに $\sqrt{V_n}$ を**標本標準偏差**という。

標本平均や標本分散などのように, 大きさ n の無作為標本から作られる量や, その
実現値を**統計量** (statistics) とよび, それらの分布を総称して**標本分布**とよぶ。

1 次元データの分散を念頭におくと, 標本分散は受け入れやすいであろう。一方で
不偏標本分散は, 後の 2.4.11 項 (**p. 146**) とその例題や 4.1 節 (**p. 174**) でふれる理論
的性質のために用意しておくと便利なのである。

✍ Warning!: 平均値 $\overline{x}$ vs. 標本平均 $\overline{X}_n$

上の標本平均 $\overline{X}_n$ や標本分散 V_n は, 記述統計において与えられた 1 次元データ
$x = (x_1, x_2, \ldots, x_n)$ に対する平均値 $\overline{x} = \frac{1}{n}\sum_{i=1}^{n} x_i$ や分散 $v = \frac{1}{n}\sum_{i=1}^{n}(x_i - \overline{x})^2$ と同
じ形をしている。しかし記述統計において 1 次元データは具体的な数字で与えられて
いることを想定していたのに対して, $X_1, X_2, \ldots, X_n$ には (標本調査を実施する前の話
なので) 具体的な数字が入っていない。ゆえに $\overline{X}_n$ や V_n もまた具体的な数字として
は与えられていない, というところが異なっている。

実際には標本調査を行うことにより $X_1, X_2, \ldots, X_n$ の実現値の列が 1 次元データ
$x = (x_1, x_2, \ldots, x_n)$ として得られたとき, $\overline{x}$ と v はそれぞれ $\overline{X}_n$ と V_n の実現値,
すなわち, 統計量となるのである。つまり, $\overline{X}_n$ や V_n の値は実施した標本調査ごと
に異なる値をとりうることになり, この意味で $\overline{X}_n$ や V_n **は確率変数**なのである。

標本調査の前の状態なのか後の状態なのかが重要です!

標本調査の前の状態であるのか後の状態であるのかにより，次のように記号 (特に大文字なのか小文字なのか) を使い分けよう。

標本調査を行う前の記号 (標本調査を行い，その結果が開示されるまで具体的にどのような数値になるかわからない)	標本調査の結果，得られた データを文字で表すときの記号
大きさ n の無作為標本 $(X_1, X_2, \ldots, X_n)$	1 次元データ $(x_1, x_2, \ldots, x_n)$
標本平均 $\overline{X}_n = \dfrac{1}{n}\displaystyle\sum_{i=1}^{n} X_i$	(1 次元データの) 平均値 $\overline{x} = \dfrac{1}{n}\displaystyle\sum_{i=1}^{n} x_i$
標本分散 $V_n = \dfrac{1}{n}\displaystyle\sum_{i=1}^{n} (X_i - \overline{X}_n)^2$	(1 次元データの) 分散 $v = \dfrac{1}{n}\displaystyle\sum_{i=1}^{n} (x_i - \overline{x})^2$
不偏標本分散 $U_n = \dfrac{1}{n-1}\displaystyle\sum_{i=1}^{n} (X_i - \overline{X}_n)^2$	$u = \dfrac{1}{n-1}\displaystyle\sum_{i=1}^{n} (x_i - \overline{x})^2$

 主役なのに少々あいまいな「統計量」という言葉

統計学の文脈では，標本調査前で値がわからない確率変数としての $\overline{X}_n, V_n, U_n$ と，標本調査後に報告を受けて判明した実現値 $\overline{x}, v, u$ の両方を「統計量」ということが多い。統計学は統計量の計算技法や性質の解明に特化してきた学問であり，統計量こそが統計学の主役となる。上の 2 つの状況の違いは一見些細なものにみえるかもしれないが，この違いを区別せずに同じ用語で記述する立場は，推測統計学の演習問題を解く際に深刻な誤解を生じるおそれがある。文脈を追うことによりどちらの意味で「統計量」という言葉を使っているのかを判断することはできるが，その煩わしさを取り除くために，以降「統計量」という用語は用いないことにする。

例題　推測統計学の枠組みで物事を考える 1

ある地域に住む男子中学 3 年生の身長を調べるために，無作為に 5 人を選んだところ，次のデータ

$$169.2, \quad 158.4, \quad 170.6, \quad 169.0, \quad 167.4$$

が得られた。この状況を推測統計学の枠組みに当てはめて記述せよ。

解答例　標本調査前後の姿勢を明確にすること!

標本調査の結果を見る前に考えること:

この地域に住む男子中学 3 年生の身長という数値がなす集団 Π を母集団と定める。この地域に住む男子中学 3 年生から無作為に 5 人を選んでその身長を測るということは，母集団 Π から大きさ 5 の無作為標本 X_1, X_2, X_3, X_4, X_5 をとるという標本調査を行うことにほかならない。

標本調査の結果を見た後で考えること:

この標本調査の結果，X_1, X_2, X_3, X_4, X_5 の実現値からなる 1 次元データ $x = (x_1, x_2, x_3, x_4, x_5)$ が

$$
\begin{aligned}
x &= (\quad x_1, \quad\quad x_2, \quad\quad x_3, \quad\quad x_4, \quad\quad x_5 \quad) \\
&= (\quad 169.2, \quad 158.4, \quad 170.6, \quad 169.0, \quad 167.4 \quad)
\end{aligned}
$$

と得られたことになる。その結果，標本平均 $\overline{X}_5$ の実現値として

$$\overline{x} = \frac{169.2 + 158.4 + 170.6 + 169.0 + 167.4}{5} \fallingdotseq 166.9$$

が得られる。また，標本分散 V_5, 標本標準偏差 $\sqrt{V_5}$, 不偏標本分散 $U_5 \, (= \frac{5}{4} V_5)$ の実現値として，それぞれ $v \fallingdotseq 19.18$, $\sqrt{v} \fallingdotseq 4.4$, $u = \frac{5}{4} v \fallingdotseq 23.97$ が得られる。

例 題 推測統計学の枠組みで物事を考える **2**

> 1枚のコインの表の出やすさについて調べるために，1回のコイン投げにつ
> いて表が出れば1を，裏が出れば0を記録することにした。実際にコインを
> 50回投げたところ，記録した50個のデータの平均値は0.56であり，分散
> は0.247であった。この状況を推測統計学の枠組みに当てはめて記述せよ。

解答例 標本調査前後の姿勢を明確にすること!

標本調査の結果を見る前に考えること:

> 母集団として $\Pi = \{1, 0\}$ を据えていると考えれば，50回のコイン投
> げについて1回あたり表が出れば1を，裏が出れば0を記録するこ
> とは，この母集団 Π から大きさ50の無作為標本 $X_1, X_2, \ldots, X_{50}$ を
> とるという標本調査を行うことにほかならない。

標本調査の結果を見た後で考えること:

> この標本調査の結果，$X_1, X_2, \ldots, X_{50}$ の実現値からなる1次元デー
> タ $x = (x_1, x_2, \ldots, x_{50})$ の値そのものは題意からはわからないが，
> 標本平均 $\overline{X}_{50}$ の実現値として
>
> $$\overline{x} = \frac{x_1 + x_2 + \cdots + x_{50}}{50} = 0.56$$
>
> が得られたことになる。また，標本分散 V_5 の実現値として
>
> $$v = \frac{1}{50}\sum_{i=1}^{50}(x_i - \overline{x})^2 = 0.247$$
>
> が得られたことがわかる。このとき，標本標準偏差 $\sqrt{V_{50}}$，不偏標本
> 分散 $U_{50} (= \frac{50}{49}V_{50})$ の実現値として，それぞれ $\sqrt{v} = \sqrt{0.247} \fallingdotseq 0.50$,
> $u = \frac{50}{49}v \fallingdotseq 0.25$ が得られる。

2.4.5　推測統計学を用いて知りたい量

　典型的な状況下では，標本の大きさ n を大きくして，さらに階級幅を小さくしていくときに，2.4.3 項のようにヒストグラムの形状が一定の形に落ち着いていくのに伴い，標本平均 $\overline{X}_n$ と標本分散 V_n もそれぞれ，($\overline{X}_n$ や V_n とは違って標本調査の結果に依らない) 一定の数 $\overset{\text{ミュー}}{\mu}$ と $\overset{\text{シグマ二乗}}{\sigma^2}$ に近づいていく。このようにして現れる数 μ と σ^2 をそれぞれ母集団の**母平均**，**母分散**とよび，これらを総称して**母数** (parameter) という。不偏標本分散 U_n についても，次が成り立つことに注意する。

$$U_n = \underbrace{\frac{n}{n-1}}_{\overset{n\to\infty}{\longrightarrow} 1} \times \underbrace{\frac{1}{n}\sum_{i=1}^{n}(X_i - \overline{X}_n)^2}_{= V_n} \quad \overset{n\to\infty}{\longrightarrow} \quad 1 \times \sigma^2 = \sigma^2$$

　ヒストグラムと分散の関係 (**p. 47**) を念頭におくと，$\sigma^2 = 0$ の場合，$X_i, i = 1, 2, \ldots, n$ は確定した 1 つの値 μ のみをとり続けることが想像でき，母集団分布の正体が明らかになる。そこで以下では，残る可能性の $\sigma^2 > 0$ の場合のみを考える。

推測統計学の目標

　1 次元データ $x = (x_1, x_2, \ldots, x_n)$ の平均値 $\overline{x}$ と分散 $v = \frac{1}{n}\sum_{i=1}^{n}(x_i - \overline{x})^2$ がそれぞれデータの「"およそ" の位置」と「ヒストグラムの形」の情報をもつ (**p. 11, p. 47**) ことより，μ と σ^2 はそれぞれ母集団分布の "およそ" の位置と形の情報をもつであろう。そこで推測統計学では，母集団分布そのものがよくわからない場合に，この母平均 μ や母分散 σ^2 の値について知見 (情報) を得ることを目標とする。

まとめ

　母集団分布やその確率密度関数と同様に，母平均 μ や母分散 σ^2 もまた考えている母集団に固有の数となる。

$$\underbrace{\overline{X}_n = \frac{1}{n}\sum_{i=1}^{n}X_i}_{\substack{\text{標本調査をするたびに}\\\text{値が異なるかもしれない。}}} \quad \overset{n\to\infty}{\longrightarrow} \quad \underbrace{\mu}_{\substack{\text{標本調査の結果に}\\\text{依らない値!}}}$$

$$V_n = \frac{1}{n}\sum_{i=1}^{n}(X_i - \overline{X}_n)^2 \quad \overset{n\to\infty}{\longrightarrow} \quad \sigma^2$$

例題　状況を整理する力を身につけよう

ある機械が袋に詰める砂糖の量は従来平均 100 g であるという。この機械で砂糖が詰められた袋を無作為に 7 個取り出してその砂糖の重さを測ったところ，その平均は 103 g で標準偏差は 6 g であった。この状況を推測統計学の枠組みに当てはめて整理せよ。

Point: 文脈から母平均や母分散を読みとれ!

母平均や標本平均の実現値は，実際の文脈のなかでは単に「平均」と書かれることが多い。それらは次のように見分ける。

調査前からわかっている ⇒ 母平均・母分散などの母数
調査後にはじめてわかる ⇒ 標本平均・標本分散などの実現値

解答例　「従来平均」は母平均を宣言する際の常套句!

標本調査の結果を見る前に考えること:

この機械で詰められた袋の砂糖の重さという数値がなす集団 Π を母集団とする。蓄積された過去の膨大なデータから従来平均が 100 g と示されているので，Π の母平均は $\mu = 100$ と考えてよいであろう。母分散 σ^2 の値については明言されていない。つまり σ^2 の値は未知である。この機械で詰められた袋を無作為に 7 個取り出してその砂糖の重さを測ることは，この母集団 Π から大きさ 7 の無作為標本 $X_1, X_2, \ldots, X_7$ をとるという標本調査を行うことにほかならない。

標本調査の結果を見た後で考えること:

標本調査の結果，$X_1, X_2, \ldots, X_7$ が実際にとった値を並べた 1 次元データ $x = (x_1, x_2, \ldots, x_7)$ の値そのものは題意からは読みとれないが，標本平均 $\overline{X}_7$ と標本標準偏差 $\sqrt{V_7}$ の実現値として，それぞれ $\overline{x} = 103$, $\sqrt{v} = 6$ が得られたことが読みとれる。

2.4.6 母平均と母分散を求める公式・連続型の確率変数と期待値

母集団分布の確率密度関数がわかっている場合，母平均と母分散は理論的には次のように計算することができる。

 現実的には使えない，「理論としては」のはなし

母集団分布の確率密度関数を $f(x)$ とおくと，母平均 μ と母分散 σ^2 は

$$\mu = \int_{-\infty}^{\infty} xf(x)\,\mathrm{d}x, \qquad \sigma^2 = \int_{-\infty}^{\infty} (x-\mu)^2 f(x)\,\mathrm{d}x$$

により与えられる。

本書では母集団分布がわかっていない場合を主に扱う。この先，母数の値を知るためにこの公式を直接用いることはないが，次の連続型確率変数に対する期待値の概念を定める動機づけとなる。

 連続型確率変数

> **定義 2.5〈連続型確率変数〉**
>
> 確率変数 X が連続型であるとは，$a \leqq b$ をみたすどんな実数 a, b についても
>
> $$\mathbf{P}(a \leqq X \leqq b) = \int_{a}^{b} f(x)\,\mathrm{d}x = \left(\begin{array}{c} \text{関数 } f(x) \text{ のグラフが } a \sim b \\ \text{の範囲で囲む部分の面積} \end{array} \right)$$
>
> をみたす非負の関数 $f(x)$ が存在することをいう。このとき，
>
> (i) この関数 $f(x)$ を X の**確率密度関数** (probability density function, **p.d.f.**) という。
>
> (ii) 関数 $g(x)$ が与えられたとき，この変数 x に確率変数を代入してできる新たな確率変数 $g(X)$ の**期待値** (expectation) を
>
> $$\mathbf{E}[g(X)] = \int_{-\infty}^{\infty} g(x)f(x)\,\mathrm{d}x$$
>
> により定める。

連続型確率変数の場合，上のように確率や期待値の定義式に積分記号が現れているが，本項を除けば，本書内で積分を具体的に実行する箇所はない。積分記号は，グラフが指定された積分範囲で囲む部分の面積を表す，単なる記号として認識しておくことが (特に 2.4.8 項 (p. 132) で) 大事である。また，p. 113 で説明したように，連続型確率変数が 1 点をとる確率は 0 である。

 参考: 確率 "密度" の直感

「積分して微分したらもとに戻る」という関数の性質を使うと，

$$f(x) = \lim_{\Delta x \to 0} \frac{1}{\Delta x} \int_x^{x+\Delta x} f(y)\,dy = \lim_{\Delta x \to 0} \frac{\mathbf{P}(x \leq X \leq x + \Delta x)}{(\text{区間 } [x, x+\Delta x] \text{ の幅})}$$

となるので，$f(x)$ は「区間 $[x, x+\Delta x]$ に "詰まっている" 確率 $\mathbf{P}(x \leq X \leq x + \Delta x)$ の割合」の区間幅 Δx を限りなく小さくしていった極限という意味をもつ。つまり，$f(x)$ は「x を含む微小区間 "dx" に詰まっている確率の割合」という意味で確率 "密度" とよばれる。

 確率変数の平均と分散

定義 2.6 〈確率変数の平均と分散〉

確率変数 X に対して，$\mathbf{E}[X]$ と $\mathrm{Var}(X) = \mathbf{E}[(X - \mathbf{E}[X])^2]$ をそれぞれ X の平均 (mean)，分散 (variance) とよぶ。

—— これらは標本平均 $\overline{X}_n$ や標本分散 V_n (p. 116) とは意味が異なることに注意!

つまり母集団の母平均 μ や母分散 σ^2 とは，その母集団から無作為に選んだ標本点 X を確率変数と捉えたときの，定義 2.6 の意味での平均や分散ということになる。実際，この X が連続的に値をとりうる場合は次のようになる。

$$\mu = \int_{-\infty}^{\infty} x f(x)\,dx = \mathbf{E}[X], \quad \left(\begin{array}{l}\text{定義 2.5 において}\\ g(x) = x \text{ と選んだもの}\end{array}\right)$$

$$\sigma^2 = \int_{-\infty}^{\infty} (x - \mu)^2 f(x)\,dx = \mathbf{E}[(X - \mathbf{E}[X])^2] = \mathrm{Var}(X).$$

(定義 2.5 において $g(x) = (x - \mu)^2$ と選んだもの)

ただし，$f(x)$ は X の確率密度関数である。

| 例 | 題 | 連続型確率変数の期待値の計算 |

確率密度関数が $f(x) = 1 \ (0 \leqq x \leqq 1)$ であるような確率変数 X の平均 $\mathrm{E}[X]$ と分散 $\mathrm{Var}(X)$ の値を求めよ。

📭 **Point:** 積分は面積を表す!

| 解答例 |

まず，X は問題で指定された確率密度関数 $f(x)$ をもつので，連続型確率変数である。特に，

$$\mathbf{P}(0 \leqq X \leqq 1) = \int_0^1 f(x)\,\mathrm{d}x$$

となるが，これは $0 \leq x \leq 1$ の範囲で関数 $y = f(x)$ が囲む部分の面積を表す。図示すれば

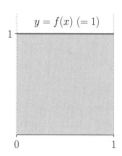

の面積であり，これは (底辺) $\times$ (高さ) $= 1 \times 1 = 1$ と計算できる。特に，いまの場合 X は 100% の確率で 0 から 1 までの値しかとらない。

X の平均は，記号としては

$$\mathbf{E}[X] = \int_{-\infty}^{\infty} x f(x)\,\mathrm{d}x$$

と書けるが，いまの場合，$f(x)$ は $0 \leqq x \leqq 1$ のとき 1 であり，その他の場

合は 0 であるので $\mathbf{E}[X] = \displaystyle\int_0^1 x\,\mathrm{d}x$ となる。これは底辺と高さがともに 1 の三角形

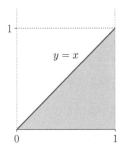

$y = x$

の面積を表すので

$$\mathbf{E}[X] = \int_0^1 x\,\mathrm{d}x = \frac{1}{2}\times 1 \times 1 = \frac{\mathbf{1}}{\mathbf{2}}.$$

最後に，X の分散は $\mathrm{Var}(X) = \mathbf{E}\left[\left(X - \dfrac{1}{2}\right)^2\right] = \displaystyle\int_0^1 \left(x - \dfrac{1}{2}\right)^2 \mathrm{d}x$ と書けるので，$0 \leqq x \leqq 1$ の範囲で x 軸と関数 $y = \left(x - \dfrac{1}{2}\right)^2$ のグラフが囲む部分

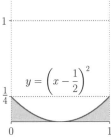

$y = \left(x - \dfrac{1}{2}\right)^2$

の面積を表す。定積分を計算すると

$$\mathrm{Var}(X) = \int_0^1 \left(x - \frac{1}{2}\right)^2 \mathrm{d}x = \left[\frac{1}{3}\left(x - \frac{1}{2}\right)^3\right]_{x=0}^{x=1} = \frac{\mathbf{1}}{\mathbf{12}}.$$

2.4.7 様々なデータに普遍的な性質: 中心極限定理

我々が統計学の手法を用いて現実の問題を考えるとき, 基本的にほとんどの情報が未知であるために, 使うことができる道具や技術には限りがある。その中でも, (ほとんど唯一といってもよいくらい) 便利な定理が一つだけ知られている。

確率 1 で $\overline{X}_n \to \mu$ (**p. 120**) なので, $\overline{X}_n - \mu = \dfrac{1}{n}\displaystyle\sum_{i=1}^{n}(X_i - \mu)$ は 0 に近づく。

確率の言葉で表すと, $n \to \infty$ のとき確率 $\mathbf{P}\left(a \leqq \dfrac{1}{n}\displaystyle\sum_{i=1}^{n}(X_i - \mu) \leqq b\right)$ の値は, 0 が区間 (a, b) 内にあれば 1 に近づき, そうでなければ 0 に近づく。分母の n は分子 $\displaystyle\sum_{i=1}^{n}(X_i - \mu)$ よりもはるかに大きくなってしまうが, どこまで分母の大きさを緩和できるだろうか。この点に注目することが, 便利な定理への糸口となる。

中心極限定理 (Central Limit Theorem)

母平均 μ, 母分散 $\sigma^2 < \infty$ の母集団から無作為標本 $X_1, X_2, \ldots$ をとり続けるとき, $a \leqq b$ をみたす全ての実数 a, b に対して

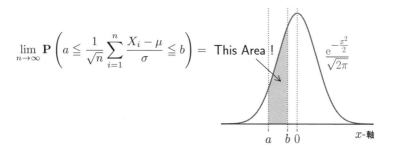

$$\lim_{n \to \infty} \mathbf{P}\left(a \leqq \frac{1}{\sqrt{n}}\sum_{i=1}^{n}\frac{X_i - \mu}{\sigma} \leqq b\right) = \text{This Area !} \qquad \frac{e^{-\frac{x^2}{2}}}{\sqrt{2\pi}}$$

(便宜的に図のように a, b の位置をとっているだけで, a, b は 0 を跨いでもよいですし, 0 よりも右側に位置してもよい。)

この中心極限定理により, 先ほどの分母の n を $\sqrt{n}$ まで緩和できることがわかる。また, 分母の σ は x 軸の目盛の幅を調整しているだけである。

特に，事象間の等式として

$$\left\{ -\infty < \frac{1}{\sqrt{n}} \sum_{i=1}^{n} \frac{X_i - \mu}{\sigma} < \infty \right\} = \Omega$$

が成り立つ (**p. 94**) ことに注意すると，右辺に現れるグラフが全体 $(-\infty$ から ∞ まで) で囲む面積は

$$\lim_{n \to \infty} \mathbf{P} \left(-\infty < \frac{1}{\sqrt{n}} \sum_{i=1}^{n} \frac{X_i - \mu}{\sigma} < \infty \right) = \lim_{n \to \infty} \mathbf{P}(\Omega) = 1$$

となっている。

中心極限定理に現れる確率密度関数をもつ分布には，次の名前がついている。

定義 2.7 〈正規分布 (normal distribution), $\mathrm{N}(\mu, \sigma^2)$〉 ....

実数 μ と正の数 σ が与えられたとする。

確率変数 X が平均 μ，分散 σ^2 の正規分布 (せいきぶんぷ) $\mathrm{N}(\mu, \sigma^2)$ に従うとは，$a \leqq b$ をみたす全ての実数 a, b に対して

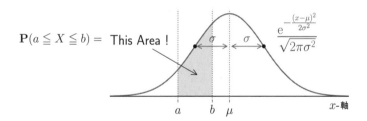

$$\mathbf{P}(a \leqq X \leqq b) = \text{This Area !} \quad \frac{e^{-\frac{(x-\mu)^2}{2\sigma^2}}}{\sqrt{2\pi\sigma^2}}$$

が成り立つことをいう。このことを「$X \sim \mathrm{N}(\mu, \sigma^2)$」とも表す。

— 便宜的に図のように a, b の位置をとっているだけで，a, b は μ を跨いでもよいですし，μ よりも右側に位置してもよい。

特に $\mu = 0, \sigma^2 = 1$ の場合の $\mathrm{N}(0, 1)$ を標準正規分布 (ひょうじゅんせいきぶんぷ) という。

— この $\mathrm{N}(0, 1)$ が中心極限定理 (**p. 126**) に現れた分布です。

なお，正規分布以外のよく知られた確率分布については p. 146 において紹介する。

参考: 正規分布 $N(\mu, \sigma^2)$ の形について

上のグラフにおいて

(1) x 軸上の μ から左右に σ だけ離れたところに，この曲線の変曲点がある。い まの文脈では，「それより外側が山の裾野となりはじめる点」という意味であ る。ゆえに，σ の値が大きいほど山の裾野が厚くなる。

(2) この分布の確率密度関数 (定義 2.5, p. 122) は具体的に

$$f(x) = \frac{e^{-\frac{(x-\mu)^2}{2\sigma^2}}}{\sqrt{2\pi\sigma^2}}$$

という形で書くことができるが，本書ではこの式を覚える必要はない。

例 題   実験して中心極限定理を確かめる

コイン投げを考えるために，母集団を $\Pi = \{0, 1\}$ と設定する。

(1) この母集団の母平均 μ と母分散 σ^2 を求めよ。

(2) 1 回の標本調査につきコインを 10 回投げて，各回で表が出れば 1 を，裏が出れば 0 を記録する。この標本調査を 10 回行い，次の表を埋めよ。

調査回数 i	標本点の番号 j										総和
	1	2	3	4	5	6	7	8	9	10	
1											
2											
3											
4											
5											
6											
7											
8											
9											
10											

　　第 i 回目の標本調査において j 回目に投げたコインの結果を $X_{i,j}$ で表すとき，これらの実現値が上の表として得られたことになる。また，第 i 回目に得られた大きさ 10 の無作為標本の総和を $S_i = X_{i,1} + X_{i,2} + \cdots + X_{i,10}$ と表すとき，上の表の右欄で求めた総和は上から $S_1, S_2, \ldots, S_{10}$ の実現値ということになる。

　　こうして，大きさ 10 の無作為標本が 10 個得られるが，これらをまとめて 1 つの大きさ 100 の無作為標本であると考える。つまり，$X_{i,j}$ を i と j に関して集めた $\{X_{i,j}\}_{i,j}$ を Π からの大きさ 100 の無作為標本と考える。

　　$m = 10,\ n = 10$ と表すと，中心極限定理 (p. 126) に現れる確率変数は

$$\frac{1}{\sqrt{mn}} \sum_{i,j} \frac{X_{i,j} - \mu}{\sigma}$$

$$= \frac{1}{\sigma\sqrt{mn}} \left(\sum_{i=1}^{m} S_i - mn\mu \right)$$

と書き直せる。これを Z と表す。

(3) 今回の標本調査の結果得られた Z の実現値を求めよ。

(4) (**グループワーク**) 上の (1) から (3) の調査を (例えばクラス内の人の実験結果を共有しながら) 可能な限りたくさん繰り返して，Z がとった値について右の階級ごとに度数をまとめよ。その後，対応する正規化されたヒストグラムを作成せよ。

階　　級	度数
~ -3.0	
$-3.0 \sim -2.5$	
$-2.5 \sim -2.0$	
$-2.0 \sim -1.5$	
$-1.5 \sim -1.0$	
$-1.0 \sim -0.5$	
$-0.5 \sim 0.0$	
$0.0 \sim 0.5$	
$0.5 \sim 1.0$	
$1.0 \sim 1.5$	
$1.5 \sim 2.0$	
$2.0 \sim 2.5$	
$2.5 \sim 3.0$	
$3.0 \sim$	

　Point: 大標本であることが重要です!

この場合は少なくとも 600 回ほど標本調査すると好ましい。解答は省略する。

例 題

1 回のコイン投げで表が出る確率が p である 1 枚のコインを n 回投げる。母集団を $\Pi = \{0, 1\}$ と設定し，大きさ n の無作為標本 $X_1, X_2, \ldots, X_n$ を

$$X_i = \begin{cases} 0 & (\text{第 } i \text{ 回目のコイン投げで裏が出たとき}), \\ 1 & (\text{第 } i \text{ 回目のコイン投げで表が出たとき}) \end{cases} \quad i = 1, 2, \ldots, n$$

と定める。このとき，表が出る回数は

$$S_n = X_1 + X_2 + \cdots + X_n = n\overline{X}_n$$

で表される。

(1) S_n の分布が $\text{binomial}(n, p)$ (**p. 97**) であることを確かめよ。

(2) 母集団 Π の母平均 μ と母分散 σ^2 がそれぞれ $\mu = p$, $\sigma^2 = p(1-p)$ であることを確かめよ。

解答例

(1) n 回中，何回表が出るかということであるので $S_n \sim \text{binomial}(n, p)$.

(2) 各 X_i が母集団 Π から無作為に選ばれる標本点であるので，

$$\mu = \mathbf{E}[X_i], \quad \sigma^2 = \text{Var}(X_i), \quad i = 1, 2, \ldots, n$$

が成り立つ。定義 2.3 (**p. 94**) に照らし合わせてこれらを計算すると，母平均は

$$\begin{aligned} \mu &= \mathbf{E}[X_i] \\ &= 0 \times \mathbf{P}(X_i = 0) + 1 \times \mathbf{P}(X_i = 1) \\ &= 0 \times \mathbf{P}\left(\begin{array}{c}\text{第 } i \text{ 回目のコイン投げ}\\\text{で裏が出る}\end{array}\right) + 1 \times \mathbf{P}\left(\begin{array}{c}\text{第 } i \text{ 回目のコイン投げ}\\\text{で表が出る}\end{array}\right) \\ &= \mathbf{P}\left(\begin{array}{c}\text{第 } i \text{ 回目のコイン投げ}\\\text{で表が出る}\end{array}\right) = p. \end{aligned}$$

次に母分散を $\mu = p$ を用いて計算すると

$$\sigma^2 = \mathrm{Var}(X_i) = \mathbf{E}[(X_i - p)^2]$$

$$= \left(0 - \frac{1}{2}\right)^2 \times \mathbf{P}\left(\begin{array}{c} \text{第 } i \text{ 回目のコイン投げ} \\ \text{で裏が出る} \end{array}\right)$$

$$+ (1 - p)^2 \times \mathbf{P}\left(\begin{array}{c} \text{第 } i \text{ 回目のコイン投げ} \\ \text{で表が出る} \end{array}\right)$$

$$= (0 - p)^2 \times (1 - p) + (1 - p)^2 \times p = p(1 - p).$$

De Moivre-Laplace の定理
ドモアブル　　　ラプラス

上の例題において

$$\frac{1}{\sqrt{n}}\sum_{i=1}^{n}\frac{X_i - \mu}{\sigma} = \frac{\sum_{i=1}^{n} X_i - n\mu}{\sqrt{\sigma^2 n}} = \frac{S_n - n\mu}{\sqrt{\sigma^2 n}}$$

が成り立つ。中心極限定理 (p. 126) によると，$n \to \infty$ のとき，この左辺の分布が $\mathrm{N}(0,1)$ に近づいていく。一方で右辺について $S_n \sim \mathrm{binomial}(n, \frac{1}{2})$, $\mu = p$, $\sigma^2 = p(1-p)$ なので，この文脈において中心極限定理を標語的にいえば

$$\left\lceil \frac{\mathrm{binomial}(n,p) - np}{\sqrt{np(1-p)}} \xrightarrow{n \to \infty} \mathrm{N}(0,1) \right\rfloor$$

となる。これを n が大きいときに両辺を "≒" で結び，二項分布について "解く" と，

$$\left\lceil \mathrm{binomial}(n,p) \fallingdotseq \sqrt{np(1-p)} \times \mathrm{N}(0,1) + np \right\rfloor$$

を得る。これは de Moivre-Laplace の定理として知られている。n が大きい場合，二項分布に関する確率の計算は $_n\mathrm{C}_k$ の計算が非常に大変であるが，その場合には上のように二項分布を正規分布で近似して (次項で説明する分布表を用いると) 概算できる，というご利益がある (演習問題 4.4, p. 186)。

2.4.8　標準正規分布 $N(0,1)$ の分布表

四分位数の考え方を拡げた概念を，標準正規分布 $N(0,1)$ を例に挙げて説明してみよう。まず，数 $\overset{\text{アルファ}}{\alpha}$ を $0 < \alpha < 1$ となるように選んでおく。このとき，下左図のように，"そこから右側の部分の面積 (= 確率) が $\frac{\alpha}{2}$ $(= 100 \times \frac{\alpha}{2}\%)$ となる"ような x-軸上の点を $z_{\frac{\alpha}{2}}$ と表す。

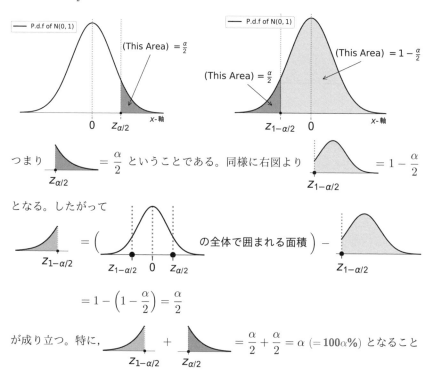

つまり ⎰＿ $= \frac{\alpha}{2}$ ということである。同様に右図より ⎰＿ $= 1 - \frac{\alpha}{2}$
$z_{\alpha/2}$　　　　　　　　　　　　　　　　　　　　　　　　　　　$z_{1-\alpha/2}$

となる。したがって

$$\text{⎰＿} = \Big(\text{　の全体で囲まれる面積}\Big) - \text{⎰＿}$$

$$= 1 - \Big(1 - \frac{\alpha}{2}\Big) = \frac{\alpha}{2}$$

が成り立つ。特に，⎰＿ ＋ ⎰＿ $= \frac{\alpha}{2} + \frac{\alpha}{2} = \alpha \,(= 100\alpha\%)$ となること

を指して，$z_{1-\frac{\alpha}{2}}$ と $z_{\frac{\alpha}{2}}$ にはまとめて次のように名前をつけておく。

定義 2.8 〈両側 $100\alpha\%$ 点〉
- -

上に現れた $z_{1-\frac{\alpha}{2}}$ と $z_{\frac{\alpha}{2}}$ をまとめて**両側 $100\alpha\%$ 点**とよぶ。

1.2.5 項 (**p. 28**) の考え方に倣(なら)って，$z_{0.75}, z_{0.50}, z_{0.25}$ はそれぞれ $N(0,1)$ の第 1, 2, 3 四分位数ともよばれる。

他の分布に関しても，これまでに述べた考え方と同様にして両側 $100\alpha\%$ 点の概念が定まる。

ちょうどいまの標準正規分布 $\mathrm{N}(0,1)$ の場合には，分布の山の形が $x = 0$ を軸に対称であるので，実は $z_{1-\frac{\alpha}{2}} = -z_{\frac{\alpha}{2}}$ が成り立つ。したがって，標準正規分布に対する両側 $100\alpha\%$ 点を求めるには，$z_{\frac{\alpha}{2}}$ のみを求めれば十分となる。様々な α に対する $z_{\frac{\alpha}{2}}$ の値や，逆に様々な $z_{\frac{\alpha}{2}}$ に対する α の値を表にまとめた**分布表**が大抵の統計の教科書には載っており，これを用いれば特段の計算をすることなく $z_{\frac{\alpha}{2}}$ の値 (の近似値) を見つけることができる。いまでは，関数電卓やパソコンのアプリを利用するほうが便利である。

例題 分布表の見方 1

確率変数 $X \sim \mathrm{N}(0,1)$ について，確率 $\mathrm{P}(X \leqq 2)$ と $\mathrm{P}(X \geqq -1)$ を求めよ。

Tips: NORMDIST 関数または NORMSDIST 関数を使いこなそう!

解答例 Numbers や Excel などのアプリを使ってみよう!

X は標準正規分布 $\mathrm{N}(0,1)$ に従うので

$\mathrm{P}(X \leqq 2) = $ 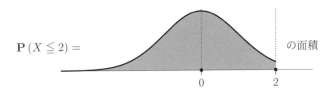 の面積

$\mathrm{P}(X \geqq -1) = $  の面積

となる。以下，これらの面積を求める手順を示す。

まず Numbers を起動して新規作成から新しくシートを作り, 図 2.1
(**p. 100**) の**表 1** をクリックしてタイトルを入力する。(**Excel** を使っている場
合は, 例えば **A1** セルにタイトルを入力します。) ここでのタイトルは, これから
利用する関数名を用いて「NORMDIST は一般の正規分布用, NORMSDIST
は標準正規分布用の関数」とした。

NORMDIST 関数の使い方は, $Z \sim \mathrm{N}(\mu, \sigma^2)$ のときに

$\mathbf{P}(Z \leqq x)$ を知りたければ「NORMDIST(x,μ,σ,1)」と入力

して評価する, というように用いる。(この「1」と入力した部分に, 代わりに
「0」を入力すると今度は確率密度関数 $f(x)$ の値が評価されます。) 特に $\mu = 0$,
$\sigma^2 = 1$ の場合には「NORMSDIST(x)」と書いてもよい。つまり

「NORMDIST(x,0,1,1)」と「NORMSDIST(x)」は同じ意味

である。

	A	B	C	D
	NORMDISTは一般の正規分布用, NORMSDISTは標準正規分布用の関数			
1	標準正規分布の場合	正規分布 (平均=0, 標準偏差=1)		標準正規分布
2	$x = 2$	=NORMDIST(x,平均,標準偏差,1)		=NORMSDIST(x)
3	$P(X \leqq 2)$	0.977249868051821		0.977249868051821
4				
5	$x = -1$	=1 - NORMDIST(x,平均,標準偏差,1)		=1 - NORMSDIST(x)
6	$P(X \geqq -1) = 1 - P(X \leqq -1)$	0.841344746068543		0.841344746068543
7				

さて, 実際に試してみよう。上図の B2 セルと D2 セルには実際に使用す
る関数を表示させているので, それらを見ながら評価用入力を行う。B3 セ
ルを選択し評価用入力を行うために「=」を入力して関数入力用モードに切
り替えたら

「NORMDIST(2,0,1,1)」

と入力する。その後, エンターキー (リターンキー) を押して B3 セルの内容
を評価すると, B3 セルにその結果が表示される。

同様に D3 セルに「=」を入力して関数入力用モードに切り替わったら,

「NORMSDIST(2)」

と入力する。その後,エンターキーを押して D3 セルの内容を評価させると, D3 セルにその結果が表示される。

列の幅が狭くて結果の数値が全て表示しきれない場合には,例えば列を表すアルファベットの B をクリックして選択し,B 列と C 列の境界線をマウス等で好みの幅になるまでドラッグすることで列幅の調整ができる。

$\mathbf{P}(X \geqq -1)$ を求める際には,

$$\mathbf{P}(X \geqq -1) = 1 - \mathbf{P}(X \leqq -1)$$

(**p. 113** の内容より,$\mathbf{P}(X < -1) = \mathbf{P}(X \leqq -1)$ となることに注意!) を利用すれば,関数 NORMDIST や NORMSDIST を用いて求めることができる。具体的には,(図では B6) セルを選択し評価用入力を行うために「=」を入力して関数入力用モードに切り替えたら

「1-NORMDIST(-1,0,1,1)」

と入力する (もちろん,「1-NORMSDIST(-1)」と入力しても同じことです)。その後,エンターキー (リターンキー) を押してセルの内容を評価すると, そのセルにその結果が表示される。

(せっかく例題を解いたので,ファイルは忘れずに保存しておこう。)

以上から,$X \sim \mathrm{N}(0,1)$ のとき

$$\mathbf{P}(X \leqq 2) \fallingdotseq 0.977 = 97.7\%,$$
$$\mathbf{P}(X \geqq -1) \fallingdotseq 0.841 = 84.1\%$$

となる。

例 題　　分布表の見方 2

標準正規分布 N$(0,1)$ について，次に示される両側 $100\alpha\%$ 点を $z_{1-\frac{\alpha}{2}}$, $z_{\frac{\alpha}{2}}$ の形で表し (それぞれの場合で具体的な α の値も求めること!)，さらに $z_{\frac{\alpha}{2}}$ の (近似) 値を求めよ。

(1) 両側 1% 点
(2) 両側 5% 点
(3) 両側 10% 点

🗔　**Tips:** NORMINV 関数を使いこなそう!

解答例　　**Numbers や Excel などのアプリを使ってみよう!**

(1)　両側 1% 点を「両側 $100\alpha\%$ 点 $z_{1-\frac{\alpha}{2}}$, $z_{\frac{\alpha}{2}}$」の形で表したいとき，$100\alpha = 1$ を α について解いて $\alpha = 0.01$ となる。このとき $z_{\frac{\alpha}{2}} = z_{0.005}$ となる。また，N$(0,1)$ の形の対称性を使えば $z_{1-\frac{\alpha}{2}} = -z_{\frac{\alpha}{2}} = -z_{0.005}$ と表せる。以下では $z_{0.005}$ の値を求めてみよう。

Numbers で新規ファイルを作成すると次のような画面が出てくる。

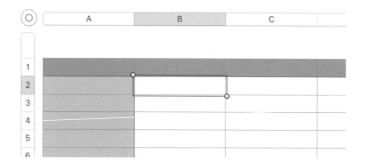

どのセルでもよいので「0.01」と入力する。入力したセルが A2 セルであれば，いま入力したのとは別のセルに「= NORMINV(1-A2/2, 0, 1)」と入力する (図中では B2 セルに入力しています)。

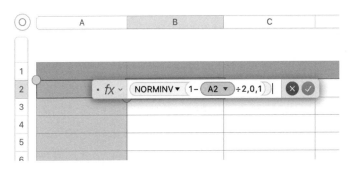

フォーカスを別の欄に移すと下のような画面に切り替わり，文字列で書いていた部分が数値に切り替わる。これにより $z_{0.005} \fallingdotseq 2.575829304$ であることがわかる。

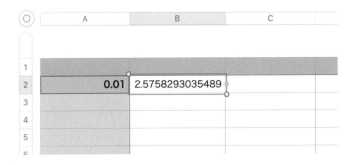

以上から，N(0,1) の両側 1% 点は

$$z_{0.995} \fallingdotseq -2.576, \qquad z_{0.005} \fallingdotseq 2.576.$$

(2) 上と同様に N(0,1) の両側 5% 点は

$$z_{0.975} \fallingdotseq -1.960, \qquad z_{0.025} \fallingdotseq 1.960.$$

(3) N(0,1) の両側 10% 点は

$$z_{0.95} \fallingdotseq -1.645, \qquad z_{0.05} \fallingdotseq 1.645.$$

2.4.9 確率変数と定数のあいだの演算と分布の形の関係

正規分布の性質については，次の 2 つの事柄のみ頭に入れておけば十分である。

✏ 公式: 正規分布のもつ性質

実数 μ と正の数 σ に対して，

(a) $X \sim \mathrm{N}(\mu, \sigma^2)$ かつ a が実数ならば $X + a \sim \mathrm{N}(\mu + a, \sigma^2)$.

— このことを「 $\mathrm{N}(\mu, \sigma^2) + a = \mathrm{N}(\mu + a, \sigma^2)$ 」と表しておきましょう。

(b) $X \sim \mathrm{N}(\mu, \sigma^2)$ かつ $a \neq 0$ ならば $aX \sim \mathrm{N}(a\mu, a^2\sigma^2)$.

— このことを「 $a\mathrm{N}(\mu, \sigma^2) = \mathrm{N}(a\mu, a^2\sigma^2)$ 」と表しておきましょう。

おまじないのようであるが，これらのことを以下のように視覚的に理解しておこう。

✏ 確率変数と定数 a の足し算と分布の形

正規分布 $\mathrm{N}(\mu, \sigma^2)$ に従う確率変数 X の分布を表したものが下図の真ん中のグラフである。(図の凡例にある 'Distr.' は「分布」を表す英単語 'Distribution' の略です。)

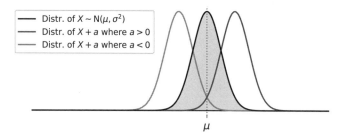

実数 a が与えられたとき，新たな確率変数 $X + a$ の分布を表す山は，もともとの山と比較して

$$a > 0 \Rightarrow 距離\ |a| = a\ だけ右にずれる,$$

$$a < 0 \Rightarrow 距離\ |a| = \underbrace{-a}_{正}\ だけ左にずれる$$

ことになる。

山の位置のみが変わり，山の形そのものは変わらない (**1.2.9** 項の内容に対応しています)。

 確率変数と正の数 a の掛け算と分布の形

正規分布 $N(\mu, \sigma^2)$ に従う確率変数 X が与えられたとする。簡単のために $\mu = 0$ とする。

正の数 a が与えられたとき，新たな確率変数 aX が考えられる。この分布を表す山は，その頂上が $x = 0$ に位置し，さらに

$$a > 1 \Rightarrow \text{裾野が厚くなる (必然的に山の高さが低くなる)},$$

$$0 < a < 1 \Rightarrow \text{裾野が薄くなる (必然的に山の高さが高くなる)}$$

ことになる。下図の 3 つの山の面積が 1 (= 全確率) であることに注意しよう。上の '(必然的に...)' の部分で述べていることは，黒色の山を砂 (= 確率の "粒") で作った山であると考え，新たに砂を追加したり減らしたりすることなくこれを $a > 1$ や $0 < a < 1$ の場合の山に変形すると，山の裾野の部分の砂の過不足に応じて，山の頂上付近がその過不足を補う必要がでてくることから納得できるであろう。

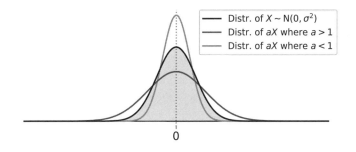

例 題   正規分布のグラフから平均・分散の大小を比較しよう

次のグラフは，正規分布に従う 2 つの確率変数 X と Y の確率密度関数 (p.d.f.) のグラフを同時に描いたものである。

このとき，次の問いに答えよ。

(1) $\mathrm{E}[X]$ と $\mathrm{E}[Y]$ の大小を比較せよ。

(2) $\mathrm{Var}(X)$ と $\mathrm{Var}(Y)$ の大小を比較せよ。

Point: 正規分布の定義 (p. 127) を確認!

確率変数の平均は p.d.f. の山の位置を表す。

確率変数の分散は p.d.f. の山の裾野の厚さを表す。

解答例

(1) $\mathrm{E}[X]$ や $\mathrm{E}[Y]$ は，X と Y それぞれの山の位置を表すことを念頭におくと，Y の山は X の山より左側にあるから，$\mathrm{E}[Y] < \mathrm{E}[X]$ が成り立つことがわかる。

(2) $\mathrm{Var}(X)$ や $\mathrm{Var}(Y)$ は，X と Y それぞれの山の裾野の厚さを表す (分散が大きいほど裾野が厚い) ことを念頭におくと，Y の山は X の山より裾野が厚いから，$\mathrm{Var}(Y) > \mathrm{Var}(X)$ が成り立つことがわかる。

例 題 分布表を用いる練習

受験者が 10 万人の全国模試の数学のテストの点数は 200 点満点で，平均 110 点，標準偏差 30 点の正規分布にほぼ従っているものとする。このとき，次の問いに答えよ。

(1) 62 点以下となる確率 (割合) を見積もれ。

(2) 170 点は第何位かを見積もれ。

解答例 2.4.3 項 (p. 112) の内容をふまえて!

この 10 万人の受験者から無作為に選んだ 1 人の得点を X をする。題意からほぼ

$$X \sim \mathrm{N}(110, 30^2) \overset{\text{公式 (a)}}{\underset{\text{(p. 138)}}{=}} 110 + \mathrm{N}(0, 30^2) \overset{\text{公式 (b)}}{\underset{\text{(p. 138)}}{=}} 110 + 30 \times \mathrm{N}(0, 1)$$

と考えてよい。ゆえに $Z = \dfrac{X - 110}{30}$ とおくと，$Z \sim \mathrm{N}(0, 1)$ と考えることができる。X を Z で表すと $X = 110 + 30Z$ である。

(1) 求めるのは $\mathrm{P}(X \leq 62)$ である。

$$\mathrm{P}(X \leq 62) = \mathrm{P}(110 + 30Z \leq 62)$$
$$= \mathrm{P}(Z \leq -1.6) \fallingdotseq 0.0558 = \mathbf{5.58\,\%}$$

(2) 170 点がおよそ r 位であったとすると，170 点以上の人数がおよそ r 人ということであるので，割合に換算すれば $\mathrm{P}(X \geq 170) \fallingdotseq \dfrac{r}{10\,\text{万}}$ が成り立つことになる。この X を Z に直して書くと

$$\frac{r}{10\,\text{万}} \fallingdotseq \mathrm{P}(X \geq 170) = \mathrm{P}(Z \geq 2) \fallingdotseq 0.0228.$$

ゆえに $r \fallingdotseq (10\,\text{万}) \times 0.0228 = 2280$ となる。よって，170 点はおよそ **2280** 位。(約 2300 位)

2.4.10　母平均や母分散に迫るための方策

いま，未知の母集団 Π がもつ母平均 μ や母分散 σ^2 を調べるために以下を考える。

① 大きさ $m \times n$ の無作為標本 $\left(X_{ij}\right)_{\substack{1 \le i \le m, \\ 1 \le j \le n}}$ をとることを考える。

② 標本平均 $\overline{X}_{mn} = \dfrac{1}{mn}\displaystyle\sum_{i=1}^{m}\sum_{j=1}^{n}X_{ij}$ は母平均に近いはずである (**p. 120**)。

③ 一方で，各 $i = 1, 2, \ldots, m$ に対して $Y_i = \dfrac{1}{n}\displaystyle\sum_{j=1}^{n}X_{ij}$ とおく。

④ 式変形 $Y_i = \dfrac{\sigma}{\sqrt{n}}\dfrac{1}{\sqrt{n}}\displaystyle\sum_{j=1}^{n}\dfrac{X_{ij}-\mu}{\sigma}+\mu$ に注意すれば，n が大きいとき，**ほぼ**

$$Y_i = \frac{\sigma}{\sqrt{n}}\left(\frac{1}{\sqrt{n}}\sum_{j=1}^{n}\frac{Y_{ij}-\mu}{\sigma}\right)+\mu \overset{\substack{\text{中心極限定理}\\ \text{(p. 126)}}}{\sim} \frac{\sigma}{\sqrt{n}}\mathrm{N}(0,1)+\mu \overset{\substack{\text{公式}\\ \text{(p. 138)}}}{=} \mathrm{N}\left(\mu, \frac{\sigma^2}{n}\right).$$

　—　もともとの無作為標本 X_{ij} の分布は未知であるにもかかわらず，各 Y_i の分布は およそ $\mathrm{N}(\mu, \frac{\sigma^2}{n})$ とわかっているわけです。

⑤ そこで，$Y_1, Y_2, \ldots, Y_m$ は "仮想的な" 母集団からの "無作為標本" だと考えて みる。

⑥ これらの "標本平均" $\overline{Y}_m = \dfrac{1}{m}\displaystyle\sum_{i=1}^{m}Y_i$ を考えても...

⑦ 当然，もともとの標本平均 $\overline{X}_{mn}$ の値に等しい。

　—　μ の近似値としてもともとの無作為標本から作った標本平均 $\overline{X}_{mn}$ は，およそ $\mathrm{N}(\mu, \frac{\sigma^2}{n})$ に従う "無作為標本" の標本平均 $\overline{Y}_m$ で代替できるということです。

母分散 σ^2 に関しても同様に考えることができる (例題参照)。

以上により，よくわからない母集団 Π の母平均 μ や母分散 σ^2 を調べることが，概形がよくわかっている母集団分布 $\mathrm{N}\left(\mu, \dfrac{\sigma^2}{n}\right)$ にほぼ従う Y_k たちの平均と分散を調べることに置き換わったということなのである。この置き換えられた状況では，もともとの設定に比べてわからないこと (つまり母集団分布の概形) が 1 つ減っている。そこで初めから，無作為に選ばれた標本点が正規分布に従うような母集団を便宜的に考えて調べておけば，物事がより簡単になり，より詳しい情報がわかるのではないかと期待できる (Π の母集団分布が正規分布になるといっているわけではありません!)。

仮想的な母集団

$$\Pi \quad \begin{cases} \boxed{X_{11}, \ X_{12}, \ \cdots, \ X_{1n}} \\ \boxed{X_{21}, \ X_{22}, \ \cdots, \ X_{2n}} \\ \vdots \\ \boxed{X_{m1}, \ X_{m2}, \ \cdots, \ X_{mn}} \end{cases}$$

① 標本調査をする。

② 全ての標本平均をとると、母平均 μ に近くなるハズ。

$$\frac{\displaystyle\sum_{i=1}^{m}\sum_{j=1}^{n} X_{ij}}{nm}$$

③ 一方で、各行ごとに標本平均をとると…

$$\frac{X_{11}+X_{12}+\cdots+X_{1n}}{n} = Y_1$$

$$\frac{X_{21}+X_{22}+\cdots+X_{2n}}{n} = Y_2$$

$$\vdots$$

$$\frac{X_{m1}+X_{m2}+\cdots+X_{mn}}{n} = Y_m$$

④ 要点 **2.4.7** より、これらは $N\!\left(\mu, \frac{\sigma^2}{n}\right)$ に近い!

⑤ そこで、$Y_1, Y_2, \ldots, Y_m$ は "仮の" 母集団を標本調査した結果だと考えてみる。

⑥ これら "無作為標本" $Y_1, Y_2, \ldots, Y_m$ の "標本平均" をとっても…

$$\frac{Y_1+Y_2+\cdots+Y_m}{m}$$

⑦ 当然これらは等しい。

例 題　母分散へのアプローチ

p. 142 の文脈において, 母集団分布がおよそ $N\left(\mu, \dfrac{\sigma^2}{n}\right)$ であるような "仮想的な" 母集団からの無作為標本 $Y_1, Y_2, \ldots, Y_m$ を考えることで Π の母平均 μ を調べる方法が述べられた. では, $Y_1, Y_2, \ldots, Y_m$ を用いて Π の母分散 σ^2 の値を調べるにはどうすればよいか?

解答例

ほぼ $Y_i \sim N\left(\mu, \dfrac{\sigma^2}{n}\right)$ であることから, この "仮想的な母集団" の母分散がおよそ $\dfrac{\sigma^2}{n}$ であることと, p. 120 の内容を思い出すと,

$$\left(\begin{array}{c} Y_1, Y_2, \ldots, Y_m \\ \text{の標本分散} \end{array}\right) = \frac{1}{m}\sum_{i=1}^{m}(Y_i - \overline{Y}_m)^2 \stackrel{m\to\infty}{\to} \frac{\sigma^2}{n}$$

が成り立つ. そこで両辺に n を掛けて

$$\frac{1}{m}\sum_{i=1}^{m}(\sqrt{n}\,Y_i - \sqrt{n}\,\overline{Y}_m)^2 \stackrel{m\to\infty}{\to} \sigma^2$$

となることが期待される.

Point: さらに嬉しいこと

およそ $N\left(\mu, \dfrac{\sigma^2}{n}\right)$ を母集団分布にもつ $Y_1, Y_2, \ldots, Y_n$ を用いて, もとの母集団 Π の母平均 μ や母分散 σ^2 の値を調べるために用いた

$$\overline{Y}_m = \frac{1}{m}\sum_{i=1}^{m}Y_i \quad \text{や} \quad V_m = \frac{1}{m}\sum_{i=1}^{m}(Y_i - \overline{Y}_m)^2$$

の標本分布がわかってしまうのである! (これが次項の内容)

例 題 さっと通り過ぎた式の確認

p. 142 の文脈に現れた式

$$Y_i = \frac{\sigma}{\sqrt{n}} \frac{1}{\sqrt{n}} \sum_{j=1}^{n} \frac{X_{ij} - \mu}{\sigma} + \mu$$

が成り立つことを示せ。

解答例

Y_i の定義は

$$Y_i = \frac{1}{n} \sum_{j=1}^{n} X_{ij}$$

であった。問題の右辺から計算すると,

$$\frac{\sigma}{\sqrt{n}} \frac{1}{\sqrt{n}} \sum_{j=1}^{n} \frac{X_{ij} - \mu}{\sigma} + \mu = \frac{\sigma}{n} \sum_{j=1}^{n} \frac{X_{ij} - \mu}{\sigma} + \mu$$

$$= \frac{1}{n} \sum_{j=1}^{n} (X_{ij} - \mu) + \mu$$

$$= \frac{1}{n} \left(\sum_{j=1}^{n} X_{ij} - \sum_{j=1}^{n} \mu \right) + \mu.$$

ここで $\sum_{j=1}^{n} \mu = n\mu$ であることにより,

$$\frac{1}{n} \left(\sum_{j=1}^{n} X_{ij} - \sum_{j=1}^{n} \mu \right) + \mu = \frac{1}{n} \left(\sum_{j=1}^{n} X_{ij} - n\mu \right) + \mu$$

$$= \frac{1}{n} \sum_{j=1}^{n} X_{ij} = Y_i.$$

2.4.11 正規母集団における推測統計学の手法を支える大事な公式

> **定義 2.9** 〈正規母集団〉
>
> 母集団 Π が母平均 μ, 母分散 σ^2 の**正規母集団**であるとは, Π から無作為に選ばれた標本点が平均 μ, 分散 σ^2 の正規分布に従うことをいう。母平均 μ, 母分散 σ^2 の正規母集団は $\mathrm{N}(\mu, \sigma^2)$ と表される。

次章以降で最も重要になる公式!

正規母集団 $\mathrm{N}(\mu, \sigma^2)$ からの大きさ n の無作為標本 $X_1, X_2, \ldots, X_n$ に対して,

(1) $\dfrac{\overline{X}_n - \mu}{\sqrt{\sigma^2/n}}$ は**標準正規分布**に従う。つまり, $a \leqq b$ をみたす全ての a, b に対して次が成り立つ。

$$\mathbf{P}\left(a \leqq \frac{\overline{X}_n - \mu}{\sqrt{\sigma^2/n}} \leqq b\right) = \text{This Area} ! \qquad \frac{e^{-\frac{x^2}{2}}}{\sqrt{2\pi}}$$

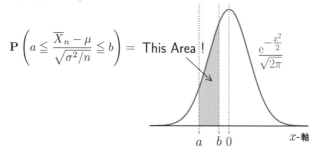

(2) $n \geqq 2$ ならば $\dfrac{\overline{X}_n - \mu}{\sqrt{U_n/n}}$ は**自由度**$(n-1)$ の **t 分布** (t_{n-1} と書く) に従う。ただしこの意味は, $a \leqq b$ をみたす全ての a, b に対して次が成り立つということである。

$$\mathbf{P}\left(a \leqq \frac{\overline{X}_n - \mu}{\sqrt{U_n/n}} \leqq b\right) = \text{This Area} ! \qquad \frac{\left(1 + \frac{x^2}{n-1}\right)^{-\frac{n}{2}}}{(n-1)^{\frac{1}{2}}\mathrm{B}\left(\frac{n-1}{2}, \frac{1}{2}\right)}$$

(3) $n \geqq 4$ ならば $\dfrac{n}{\sigma^2} V_n$ は**自由度** $(n-1)$ の $\overset{\text{カイ二乗}}{\chi^2}$ **分布** (χ^2_{n-1} と書く) に従う。ただしこの意味は, $0 \leqq a \leqq b$ をみたす全ての a, b に対して次が成り立つということである。

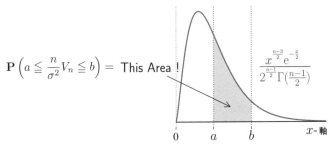

$$\mathbf{P}\left(a \leqq \dfrac{n}{\sigma^2} V_n \leqq b\right) = \text{ This Area !}$$

$$\dfrac{x^{\frac{n-3}{2}} \mathrm{e}^{-\frac{x}{2}}}{2^{\frac{n-1}{2}} \Gamma\left(\frac{n-1}{2}\right)}$$

グラフの側に添えられた数式に気をとられる必要はない。興味のある読者のために紹介しておくと, B, Γ はそれぞれベータ関数とガンマ関数とよばれる関数である。しかしこれらが何者であるかについては, 本書では気にする必要はない。取り急ぎ**各分布の名前**と, **分布の形**を把握しておくことのみが重要である。

🖊 参考:「自由度」って何?

上の公式 (2) では「公式 (1) に現れる σ^2 を U_n に置き換える」ことを行っている。σ^2 があらかじめ決まっている数値であるのに対して, U_n の値は「標本調査を行うたびに変わりうる」という意味で "ゆらぎ" が生じる。その結果, (2) に現れる $\dfrac{\overline{X}_n - \mu}{\sqrt{U_n/n}}$ には (1) の場合と比べて $\overline{X}_n$ だけでなく $U_n = \dfrac{1}{n-1} \displaystyle\sum_{i=1}^{n} (X_i - \overline{X}_n)^2$ 由来の "ゆらぎ" も生じる。$\overline{X}_n$ 由来でない "ゆらぎ" を数えるために (p. 39 の文脈を思い出して) $Y_i = X_i - \overline{X}_n$ とおけば $U_n = \dfrac{1}{n-1} \displaystyle\sum_{i=1}^{n} (Y_i)^2$ は, 将来得られる n 個からなる 1 次元データ $(Y_1, Y_2, \ldots, Y_n)$ から作られる量である。ところがこれら n 個は, 調査の無作為さに任せてそれぞれが好き勝手に値をとれるわけではない。$Y_1 + Y_2 + \cdots + Y_n = \left(\displaystyle\sum_{i=1}^{n} X_i\right) - n\overline{X}_n = 0$ が成り立つのであるから, $Y_1, Y_2, \ldots, Y_n$ のうちどれか $(n-1)$ 個の値が決まれば, 残りの 1 個の値も決まる。「好き勝手に動き回れる個数が $(n-1)$ 個分」という意味で「自由度が $(n-1)$」とよぶのである。そして (2) の文脈では,「(1) に比べて "ゆらぎ" を起こす要因が自由度 $(n-1)$ 個分多い」という意味で接頭語「自由度 $(n-1)$ の...」がついていると考えればよい。

例 題 標本分布の形に理解を深めよう

正規母集団 $N(\mu, \sigma^2)$ から大きさ n の無作為標本 $X_1, X_2, \ldots, X_n$ をとるとき, 次の問いに答えよ.

(1) $P\left(\dfrac{\overline{X}_n - \mu}{\sqrt{\sigma^2/n}} \leqq 0\right)$ と $P\left(\dfrac{\overline{X}_n - \mu}{\sqrt{U_n/n}} \leqq 0\right)$ を求めよ.

(2) 不偏標本分散 U_n について $E[U_n] = \sigma^2$ であることが知られている. このことを用いて, 自由度 $(n-1)$ の χ^2 分布の両側 50% 点を $z_{0.5}$ と表すとき, $z_{0.5}$ と $(n-1)$ の大小について考察せよ.

(3) 標準正規分布 $N(0,1)$ と自由度 $(n-1)$ の t 分布 t_{n-1} の分散の大小について考察せよ.

解答例 復習を兼ねて, これまでの知識を総動員して考えましょう!

(1) p. 146 の内容から,

$$P\left(\frac{\overline{X}_n - \mu}{\sqrt{\sigma^2/n}} \leqq 0\right) =$$

$$= \left(\text{全体} \quad \text{の面積 1 の半分}\right) = \mathbf{0.5}.$$

一方で

$$P\left(\frac{\overline{X}_n - \mu}{\sqrt{U_n/n}} \leqq 0\right) =$$

$$= \left(\text{全体} \quad \text{の面積 1 の半分}\right) = \mathbf{0.5}.$$

(2) 以下，自由度 $(n-1)$ の χ^2 分布を χ^2_{n-1} で表す。$Y_1 = \dfrac{n}{\sigma^2}V_n$ とおくと，p. 146 の内容から，Y_1 は χ^2_{n-1} 分布に従う。これをいい換えると，Y_1 は χ^2_{n-1} を母集団分布にもつ母集団 Π からの大きさ 1 の無作為標本と考えられる。

また，$Y_1 = \dfrac{n}{\sigma^2}V_n = \dfrac{n-1}{\sigma^2}U_n$ だから $\mathrm{E}[Y_1] = \mathrm{E}\left[\frac{n-1}{\sigma^2}U_n\right] = \frac{n-1}{\sigma^2}\mathrm{E}[U_n] = n-1$ が成り立っている。2.4.6 項 (**p. 122**) の内容をふまえると，この $(n-1)$ は χ^2_{n-1} 分布を母集団分布にもつ母集団 Π の母平均と考えられる。そこで，母集団 Π から大きな無作為標本 $Y = (Y_1, Y_2, \ldots, Y_m)$ を抽出し，ヒストグラムを描くことを考えると，大数の法則 (**p. 113**) より，無作為標本 Y の中央値 $Q_2(Y)$ は $m \to \infty$ のとき $z_{0.5}$ に収束する。このヒストグラムは，χ^2 分布の概形を反映して，山が 1 つで左側に寄っているであろう。

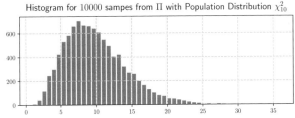

Histogram for 10000 sampes from Π with Population Distribution χ^2_{10}

そこで 1.2.7 項 (**p. 36**) の内容を思い出すと，高い確率で $Q_2(Y) \leqq \overline{Y}_m$ が成り立っていると期待できる。この $m \to \infty$ の極限として $z_{0.5} \leqq n-1$ が成り立つと期待できる。

(3) p. 146 の内容より $\dfrac{\overline{X}_n - \mu}{\sqrt{\sigma^2/n}} \sim \mathrm{N}(0,1)$, $\dfrac{\overline{X}_n - \mu}{\sqrt{U_n/n}} \sim \mathrm{t}_{n-1}$ であるから，

$$1 = (\mathrm{N}(0,1) \text{ の分散}) = \mathrm{Var}\left(\frac{\overline{X}_n - \mu}{\sqrt{\sigma^2/n}}\right),$$

$$(\mathrm{t}_{n-1} \text{ の分散}) = \mathrm{Var}\left(\frac{\overline{X}_n - \mu}{\sqrt{U_n/n}}\right)$$

となる。また，それぞれの分布の形は 0 を中心に左右対称になっているの

で，$\mathbf{E}[\frac{\overline{X}_n-\mu}{\sqrt{\sigma^2/n}}]=0$，$\mathbf{E}[\frac{\overline{X}_n-\mu}{\sqrt{U_n/n}}]=0$ である。したがって分散の定義 2.6 (**p. 123**) から

$$\mathrm{Var}\left(\frac{\overline{X}_n-\mu}{\sqrt{\sigma^2/n}}\right)=\mathbf{E}[\left(\frac{\overline{X}_n-\mu}{\sqrt{\sigma^2/n}}\right)^2],\quad \mathrm{Var}\left(\frac{\overline{X}_n-\mu}{\sqrt{U_n/n}}\right)=\mathbf{E}[\left(\frac{\overline{X}_n-\mu}{\sqrt{U_n/n}}\right)^2]$$

となる。

以上により，$\mathrm{N}(0,1)$ と t_{n-1} の分散の大小を比較するためには，$\dfrac{|\overline{X}_n-\mu|}{\sqrt{\sigma^2/n}}$ と $\dfrac{|\overline{X}_n-\mu|}{\sqrt{U_n/n}}$ の大小を比較すればよい。そこで，この 2 つのうち異なる部分，つまり σ^2 と U_n の大小を調べてみよう。

まず $\dfrac{n-1}{\sigma^2}U_n=\dfrac{n}{\sigma^2}V_n$ であり，この右辺については p. 146 の内容より

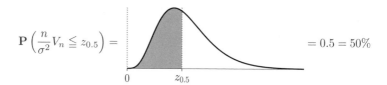

$$\mathbf{P}\left(\frac{n}{\sigma^2}V_n\leqq z_{0.5}\right)=\qquad\qquad=0.5=50\%$$

となっている。さらに (2) より $z_{0.5}\leqq n-1$ であったので，

$$\mathbf{P}(U_n\leqq\sigma^2)\overset{\substack{\text{不等式の両辺に}\\ \frac{n-1}{\sigma^2}\text{ を掛けた}}}{=}\mathbf{P}\left(\frac{n-1}{\sigma^2}U_n\leqq n-1\right)$$

$$\overset{\substack{\frac{n-1}{\sigma^2}U_n=\frac{n}{\sigma^2}V_n\\ \text{だから}}}{=}\mathbf{P}\left(\frac{n}{\sigma^2}V_n\leqq n-1\right)$$

$$\overset{\substack{n-1\geqq z_{0.5}\\ \text{だから}}}{\geqq}\mathbf{P}\left(\frac{n}{\sigma^2}V_n\leqq z_{0.5}\right)=50\%,$$

つまり，50% 以上の確率で U_n は σ^2 よりも小さい値をとる。

逆に 50% 以下の確率で $U_n>\sigma^2$，ゆえに $\dfrac{|\overline{X}_n-\mu|}{\sqrt{U_n/n}}<\dfrac{|\overline{X}_n-\mu|}{\sqrt{\sigma^2/n}}$ となり

うるが，このうち大きいほうについて $\mathrm{E}\big[\big(\frac{\overline{X}_n-\mu}{\sqrt{\sigma^2/n}}\big)^2\big] = \mathrm{Var}\big(\frac{\overline{X}_n-\mu}{\sqrt{\sigma^2/n}}\big) = 1$ であるから，50% 以下の確率で起こる事象 $\{U_n > \sigma^2\}$ が分散 $\mathrm{Var}\big(\frac{\overline{X}_n-\mu}{\sqrt{\sigma^2/n}}\big)$ と $\mathrm{Var}\big(\frac{\overline{X}_n-\mu}{\sqrt{U_n/n}}\big)$ に与える影響は 1 未満となり小さいといえる (下の参考も参照)。

50% 以上の確率で $U_n < \sigma^2$, ゆえに $\frac{|\overline{X}_n - \mu|}{\sqrt{\sigma^2/n}} \leq \frac{|\overline{X}_n - \mu|}{\sqrt{U_n/n}}$ となるので，この両辺を 2 乗した後に期待値をとって

$$\binom{\mathrm{N}(0,1)}{\text{の分散}} = \mathrm{Var}\Big(\frac{\overline{X}_n - \mu}{\sqrt{\sigma^2/n}}\Big) < \mathrm{Var}\Big(\frac{\overline{X}_n - \mu}{\sqrt{U_n/n}}\Big) = (\mathrm{t}_{n-1} \text{ の分散}),$$

つまり $\mathrm{N}(0,1)$ の分散よりも t_{n-1} 分布の分散のほうが大きいと期待できる。(これが **p. 146** における $\mathrm{N}(0,1)$ と t_{n-1} のグラフにおいて，t_{n-1} のほうが裾野が厚いことに反映されています。さらに実は $n \geq 4$ の場合，t_{n-1} の分散は $\frac{n-1}{n-3}$ であることが知られており，実際に $\mathrm{N}(0,1)$ の分散 1 よりも大きいのです。)

参考: 興味のある読者のために

(3) の解答例について，$\mathrm{N}(0,1)$ の分散 $1 = \mathrm{Var}\big(\frac{\overline{X}_n-\mu}{\sqrt{\sigma^2/n}}\big) = \mathrm{E}\big[\big(\frac{\overline{X}_n-\mu}{\sqrt{\sigma^2/n}}\big)^2\big]$ のうち，事象 $\{U_n > \sigma^2\}$ からの寄与は $\mathrm{E}\big[\big(\frac{\overline{X}_n-\mu}{\sqrt{\sigma^2/n}}\big)^2; U_n > \sigma^2\big]$ で表される。いまのように $X_1, X_2, \ldots, X_n$ が正規母集団からの無作為標本の場合，式 (1.2) (**p. 39**) 前後の文脈がさらに強調されて，実は $\overline{X}_n$ と V_n (特に U_n と) が "独立" となってしまう。この性質を用いると，

$$\mathrm{E}\big[\big(\frac{\overline{X}_n - \mu}{\sqrt{\sigma^2/n}}\big)^2; U_n > \sigma^2\big] = \underbrace{\mathrm{E}\big[\big(\frac{\overline{X}_n - \mu}{\sqrt{\sigma^2/n}}\big)^2\big]}_{=1} \times \underbrace{\mathrm{P}(U_n > \sigma^2)}_{\leq 0.5} \leq 0.5$$

となり, 0.5 以下となる。特に t_{n-1} の分散 $\mathrm{Var}\big(\frac{\overline{X}_n-\mu}{\sqrt{U_n/n}}\big)$ についても，事象 $\{U_n > \sigma^2\}$ からの寄与は $\mathrm{E}\big[\big(\frac{\overline{X}_n-\mu}{\sqrt{U_n/n}}\big)^2; U_n > \sigma^2\big] \leq \mathrm{E}\big[\big(\frac{\overline{X}_n-\mu}{\sqrt{\sigma^2/n}}\big)^2; U_n > \sigma^2\big] \leq 0.5$ となり，事象 $\{U_n < \sigma^2\}$ からの寄与よりも小さい。

例 題　t 分布と χ^2 分布の両側 $100\alpha\%$ 点

自由度 n の t 分布と χ^2 分布をそれぞれ t_n, χ_n^2 で表す。

(1) t_4 の両側 99% 点を求めよ。

(2) t_9 の両側 95% 点を求めよ。

(3) χ_4^2 の両側 99% 点を求めよ。

(4) χ_{14}^2 の両側 95% 点を求めよ。

Tips: TINV 関数と CHIINV 関数を使いこなそう!

解答例　　**Numbers や Excel などのアプリを使ってみよう!**

(1) なら $X \sim \mathrm{t}_4$ のときに, (3) なら $X \sim \chi_4^2$ のときに, $\mathbf{P}(z_{1-\frac{\alpha}{2}} < X < z_{\frac{\alpha}{2}}) = 1 - \alpha = 0.99$ となる $z_{1-\frac{\alpha}{2}}$ と $z_{\frac{\alpha}{2}}$ を求める問題である。

いま, $1-\alpha = 0.99$ より $\alpha = 0.01$ であるので, $z_{1-\frac{\alpha}{2}} = z_{0.995}$, $z_{\frac{\alpha}{2}} = z_{0.005}$ と表せる。p. 146 に記された分布の形を思い出して (1) と (3) それぞれの場合を順に図にしてみると

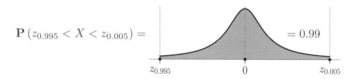

$$\mathbf{P}\left(z_{0.995} < X < z_{0.005}\right) = \qquad\qquad = 0.99$$

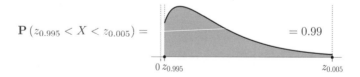

$$\mathbf{P}\left(z_{0.995} < X < z_{0.005}\right) = \qquad\qquad = 0.99$$

となる。(1) の場合は山の対称性より $z_{0.995} = -z_{0.005}$ となるので, あとは $z_{0.005}$ のみを求めればよい。(3) の場合は $z_{0.995}$ と $z_{0.005}$ をともに求めなければならない。以下, これらを求める手順を示す。

　まず，Numbers を起動して**新規作成**を選び，新しく例題用のシートを作る。図 2.1 (**p. 100**) の**表 1** をクリックしてタイトルを入力しよう。ここでのタイトルは，これから利用する関数名を用いて「TINV は両側検定用の関数であり，CHIINV は片側検定 (右側) 用の関数である」とした。

　TINV 関数と CHIINV 関数の用法をかいつまんで説明しよう。確率変数 X に対して $\mathbf{P}(X > z_{\frac{\alpha}{2}}) = \frac{\alpha}{2}$ をみたす $z_{\frac{\alpha}{2}}$ の値が知りたいのであった。この $z_{\frac{\alpha}{2}}$ の値は，関数入力用モードになったセル内に

$$X \sim \mathrm{t}_{\text{自由度}} \text{ のときは「TINV}(\alpha, \text{自由度})\text{」と入力,}$$

$$X \sim \chi^2_{\text{自由度}} \text{ のときは「CHIINV}(\tfrac{\alpha}{2}, \text{自由度})\text{」と入力}$$

して評価させる。t 分布と χ^2 分布とで，指定する第 1 変数が α か $\frac{\alpha}{2}$ か，という違いがでてくることに注意が必要である。

	A	B	C	D	E
1		TINVは両側検定用の関数であり，CHIINVは片側検定（右側）用の関数である			
	自由度nのt分布				
2		=TINV(α,自由度)			
3	自由度 = 4　$P\left(z_{\frac{\alpha}{2}} < X\right) = \frac{\alpha}{2}$	4.60409487134999			
4	$z_{1-\frac{\alpha}{2}} = -z_{\frac{\alpha}{2}}$	-4.60409487134999			
5	自由度 = 9　$P\left(z_{\frac{\alpha}{2}} < X\right) = \frac{\alpha}{2}$	2.2621571627982			
6	$z_{1-\frac{\alpha}{2}} = -z_{\frac{\alpha}{2}}$	-2.2621571627982			
7	自由度nのχ2乗分布				
8		=CHIINV(面積,自由度)			
9	自由度 = 4　$P\left(z_{1-\frac{\alpha}{2}} < X\right) = 1-\frac{\alpha}{2}$	0.206989093496183			
10	$P\left(z_{\frac{\alpha}{2}} < X\right) = \frac{\alpha}{2}$	14.8602590005602			
11	自由度 = 14　$P\left(z_{1-\frac{\alpha}{2}} < X\right) = 1-\frac{\alpha}{2}$	5.62872610303973			
12	$P\left(z_{\frac{\alpha}{2}} < X\right) = \frac{\alpha}{2}$	26.1189480450374			
13					

　それでは実際に試してみよう。上図の B2 セルと B8 セルには実際に使用する関数を表示させているので，それらを見ながら評価用入力を行う。B3 をクリックして選択し評価用入力を行うために「=」キーを入力する。そうするとセルが関数入力用モードに変わるので，そのまま続けて B2 セルに表

示されている「=」より後ろを確認しながら

「TINV(0.01,4)」

と入力していく。入力が済んだら,エンターキー (リターンキー) を押して B3 セルの内容を評価させる。そうすると B3 セルに関数 TINV(0.01,4) を評価した結果が表示される。続いて B4 セルに B3 セルの符号を反転させた結果を求めることで $z_{1-\frac{\alpha}{2}}$ が得られる。自由度が 9 の場合も同様である。

次に,B9 セルをクリックして,先ほどと同様に評価用入力を行うために「=」キーをまず入力する。そうするとセルが関数入力用モードに切り替わるので,そのまま続けて B8 セルに表示されている「=」より後ろを確認しながら

「CHIINV(0.995,4)」

と入力する。入力が済めば,先ほどと同様にエンターキーを押して B9 セルの内容を評価させる。そうすると B9 セルに関数 CHIINV(0.995,4) を評価した結果が表示される。続いて B10 セルをクリックして「=」キーを押して評価用入力モードにする。B8 セルの内容を確認しながら

「CHIINV(0.005,4)」

と入力していく。入力が済めば,いつものようにエンターキーを押して B10 セルの内容を評価させると結果が表示される。自由度が 14 の場合も同様の作業を実行すればよい。

(せっかく例題を解いたのだから,忘れずに保存しておこう。)

結局,表計算ソフトに計算させた結果,

(1) t_4 の両側 99% 点は $z_{0.995} = -z_{0.005} \fallingdotseq -4.604$, $z_{0.005} \fallingdotseq 4.604$.

(2) t_9 の両側 95% 点は $z_{0.975} = -z_{0.025} \fallingdotseq -2.262$, $z_{0.005} \fallingdotseq 2.262$.

(3) χ_4^2 の両側 99% 点は $z_{0.995} \fallingdotseq 0.207$, $z_{0.005} \fallingdotseq 14.860$.

(4) χ_{14}^2 の両側 95% 点は $z_{0.975} \fallingdotseq 5.629$, $z_{0.025} \fallingdotseq 26.119$.

3

起きた事の確率を調べる: 検定

ものごとを批判的に見つめる姿勢を身につけよう!

二律排反[*1]な問いかけに対して，統計的な立場から答えようとする試みを**検定** (test) という。実験などの結果から，ある母集団に関して述べられた文 P に対して，"P が正しそうだ" ということがわかってきたとき，

$$\text{仮説 (H}_1\text{): } P \text{ が成り立つ}$$

を立ててみよう。この仮説 (hypothesis) を統計的な立場から検討していくために踏むべき大まかな手順を以下の節で解説する。

[*1] 一見，矛盾する 2 つの命題 (ある命題とその逆命題など) が，どちらも (ある意味で) 証明されてしまう事態をいう。

▌ 3.1 　仮説検定のアイデア─不自然さに気づけ!

仮説検定の手順は, 標語的にいえば「背理法の統計版」である。

仮説検定の一般的な手順

① まず逆の仮説

$$(\mathrm{H}_0): P \text{ は成り立たない}$$

を仮定する。

② この仮説 (H_0) の下では起こりにくい事象 E を選んでおく。

③ 実際の標本調査の結果, E が起こることはないのかを眺める:

　③-a 実際には起こりにくい現象 E が起きたのであれば, (高確率で起こり
　　　うることが現実に起こるのだ, という考え方から)「事象 E が起こりに
　　　くい事象だとはいえない」と判断し, 仮説 (H_0) が間違っていたのだ
　　　と判断する。つまり (H_0) を棄却 (reject) して, (H_1) を採択 (accept)
　　　する。

　③-b 実際に起こりにくい現象 E が起きなかったとき, 仮説 (H_0) を否定す
　　　る統計的に十分な根拠は得られなかったと考え, 判定は保留しておく
　　　(甘んじて (H_0) を採択します)。

統計学における多くの人間のスタンス

　「標本調査の結果は, 高確率で起こりうることが実際に起きたものだ」

有　　意

　この仮説 (H_0) を棄却した手続き ③-a は, 次のように表現されることもある。(H_0) に基づいた「事象 E は起こりにくい」という理論的事実と, 現実に観測された「事象 E が起こった」という事実の隔たりには, 単に実験や観測に伴う誤差だけの要因では説明できない, 「もっと重大な, 根本的な要因 (有意, significance) があるのだ」と判断し, 例えば「(H_0) が間違っている」ことが今回の要因 (有意) であったのだろうと考えたのである。

仮説 (H_1) を信じる人におあつらえ向き

- この流れから,もし ③-**a** を経由して (H_1) を結論したとき,これは比較的強い統計的な根拠をもつであろう。**特に事象 E が仮説 (H_0) の下で起こりにくいほど** (つまり $P(E)$ が 0 に近いほど),**この統計的な根拠は強まる**ということである。

- ③-**b** を経由して得られる結論は,

  "事象 E に着目する分には仮説 (H_0) を否定する十分な根拠は無かった"

  という程度であるので,③-**a** のときよりも統計的な根拠は弱い。(仮説 (H_0) を甘んじて採択すると書いてはありますが,むしろ「何も主張できない」というニュアンスが強いです。仮説 (H_0) を採択したときには,検定の行為そのものが無に帰すのです。)

- ゆえに,この類の検定の使用者として適切なのは,③-**a** を経由して

  "仮説 (H_0) を否定することで (H_1) を結論したい",

  つまり (H_1) が正しいことを期待する者,となるのである。

定義 3.1 〈帰無仮説・対立仮説〉

このように,否定することを目的として立てる仮説 (H_0) を**帰無仮説** (null hypothesis) といい,主張したい仮説 (H_1) を**対立仮説** (alternative hypothesis) という。

上記のような検定をするとき,

「帰無仮説 (H_0) を,対立仮説 (H_1) に対して (仮説) 検定する」

という。

次節では上の事象 E の選び方を含め,より具体的に検定の手法について紹介する。

| 例 | 題 | 仮説を立てることから始めよう |

A, B, C の 3 人が競走をしたときの順位について，次のように発言をした。

A「ぼくは 3 位ではないよ。」

B「ぼくは C くんに負けたよ。」

C「ぼくが 2 位だったよ。」

しかし，この 3 人のうち 1 人だけ嘘をついているという。嘘つきは誰か?

解答例

C が嘘つきであることを主張できるか?

そのために帰無仮説「C は正直者」を仮定してみると，A と B のどちらかが嘘つきということになる。

(1) A が嘘つきの場合 (ゆえに **B** と **C** が正直者)，A と C の発言から 2 位: C，3 位: A が確定する。ゆえに B は 1 位となるが，これは正直者である B の発言に矛盾する。

(2) B が嘘つきの場合 (ゆえに **A** と **C** が正直者)，B と C の発言から 1 位: B，2 位: C が確定する。ゆえに A は 3 位となるが，これはいまの場合，正直者である A の発言に矛盾する。

いずれの場合にも考えにくい矛盾が起きたため，帰無仮説「C は正直者」を棄却して，対立仮説の「C が嘘つきだ」を採用するのである。

B が嘘つきであることを主張できるか?

「B は正直者」を帰無仮説として仮定すると，A と C のどちらかが嘘つきということになる。A が嘘つきの場合には，(1) と同様にして矛盾が起こる。

(3) C が嘘つきの場合 (ゆえに **A** と **B** が正直者)，C と B の発言により C は 1 位である。A の発言により 1 位: C，2 位: A が確定し，

矛盾なく 3 位は B であると結論できる。

つまり，この (3) が正しい場合には帰無仮説をかざすことに不都合は生じず，帰無仮説を棄却するには説得力が足りない。

A が嘘つきであることを主張できるか?

「A は正直者」を帰無仮説として仮定してみると，B と C のどちらかが嘘つきということになる。B が嘘つきの場合には (2) と同様に矛盾が生じるが，C が嘘つきの場合には (3) のように帰無仮説をかざすことに不都合は生じず，帰無仮説を棄却するには説得力が足りない。

以上の考察に鑑みて，C が嘘つきであると判断するのである。

例題 有意があるか?

確率 50 % で当たるくじ A と確率 10 % で当たるくじ B がある。いま「くじ A を引いてください。」と言われて 4 回引いたところ，4 回とも当たらなかった。本当にくじ A を引いたのだろうか?

Point:

高確率の事象は起こりやすい。これを積極的に捉えて，「実際に起きた事象は高確率で起こるものであったのだ」と考えよう。

解答例

くじ A を引いたのであれば，100 回中およそ 50 回，つまり 4 回中およそ 2 回当たる (くじ B なら 4 回中およそ 0.4 回) と期待できるのに，それが起きなかったということは，引いたのはくじ A ではないと考えるのが妥当であろう。また，4 回ともはずれる確率は，A なら $(1 - \frac{50}{100})^4 = 6.25\%$，B なら $(1 - \frac{10}{100})^4 \fallingdotseq 66\%$ であり，やはり引いたのはくじ A ではないであろう。

▌3.2　両側検定——嘘を見抜け!

正規母集団 $N(\mu, \sigma^2)$ の母数 μ と σ^2 のうち, 知りたいほうに注目しよう. 友達は
「あなたが知りたい母数の数値は b だよ」と言うが, 自分ではどうしても信じられな
い. このようなとき, 自分の考えを仮説として立ててみよう.

仮説 (H₁): (知りたい母数) ≠ b が成り立つ.

仮説 (H₁) が正しいといえるか否かを検討するときに実際に行う (両側) 検定の典型
的な流れは以下のとおりである.

✎　両側検定の手順

正規母集団 $N(\mu, \sigma^2)$ からの大きさ n の無作為標本 $X_1, X_2, \ldots, X_n$ をとる.
標本調査を行う (もしくは調査結果を見る) 前に考えておくこと:

まず, 状況に応じて T を次のようにおく.

Case 1. 知りたい母数が μ で, かつ σ^2 の値が既知のとき $T = \dfrac{\overline{X}_n - b}{\sqrt{\sigma^2/n}}$.

— σ^2 の具体的な数値が既にわかっている場合であるので, 標本調査の結果を見
れば T の式に現れる全ての数値が得られます.

Case 2. 知りたい母数が μ で, かつ σ^2 の値が未知のとき $T = \dfrac{\overline{X}_n - b}{\sqrt{U_n/n}}$.

Case 3. 知りたい母数が σ^2 のとき $T = \dfrac{n}{b} V_n$.

(T には, 知りたい母数と比較している b が忍ばされていることに注意!)

この知りたい母数を θ で表すとき,

① 帰無仮説 (**H**₀): $\theta = b$ を仮定する.

② 起こりにくさを数値で表すために $\alpha \, (0 < \alpha < 1)$ を指定しておく. この帰
無仮説の下では, 公式 (**p. 146**) より T の分布がわかるので, 対応する分
布表やアプリを使って両側 $100\alpha\%$ 点 $z_{1-\frac{\alpha}{2}}, z_{\frac{\alpha}{2}}$ を求める.

$$\mathbf{P}(E) = \alpha, \quad \text{ただし } E = \{T < z_{1-\frac{\alpha}{2}}\} \cup \{z_{\frac{\alpha}{2}} < T\}.$$

標本調査を行った (もしくは調査結果を見た) 後に考えること:

③ 実際に標本調査を行って大きさ n の無作為標本 $X_1, X_2, \ldots, X_n$ の実現値からなる 1 次元データ $x = (x_1, x_2, \ldots, x_n)$ を得たとき, これらを用いて T の一つの実現値 t を得る. このとき

③-a t が区間 $(-\infty, z_{1-\alpha/2})$ もしくは $(z_{\alpha/2}, \infty)$ に含まれるならば, 仮説 (H_0) を棄却して仮説 (H_1) を採択する.
—— これは $100\alpha\%$ で起こりうるシナリオです.

③-b t が区間 $[z_{1-\alpha/2}, z_{\alpha/2}]$ に含まれるならば, 仮説 (H_0) を採択する.
—— これは $100(1-\alpha)\%$ で起こりうるシナリオです.

定義 3.2 〈有意水準・信頼度・棄却域〉

(i) 上に現れた α $(= 100\alpha\%)$ を**有意水準** (level of significance) とよび, $(1-\alpha)$ をこの検定の**信頼度**とよぶ.

(ii) 上の手順で対立仮説 (H_1) を検定する手法を**有意水準 $100\alpha\%$ の両側検定**という.

(iii) 上の手順 ③-a に現れる領域 $(-\infty, z_{1-\alpha/2}) \cup (z_{\alpha/2}, \infty)$ を帰無仮説の**棄却域** (critical region) とよぶ.

通常 α は小さい値 $(\alpha = 0.05, 0.1$ など$)$ を選ぶことを想定しており, 標本調査をする前の段階では, $T \in (-\infty, z_{1-\alpha/2}) \cup (z_{\alpha/2}, \infty)$ が起こる確率は (帰無仮説が正しいという仮定の下では) $100\alpha\%$ と小さい. しかし, 実際に標本調査を行った後に $t \in (-\infty, z_{1-\alpha/2}) \cup (z_{\alpha/2}, \infty)$ が起こってしまったということは, (標本調査の結果は, 高確率で起こりうることが実際に起きたものだという考え方から) 起こりにくいことが起きたことになるので, 帰無仮説自体が実は間違っていたと判断するのが妥当であろう, と考えるのである.

例 題   母平均に対する検定——母分散が既知の場合

ある工場では，食塩を容器に充填する工程が，その内容量について平均 80 g，標準偏差 1 g に設定されているという。品質管理技術者が 16 個の容器を無作為に選び，その食塩の内容量を測定したところ，平均は 82.3 g であった。この工程はその内容量に関して適切に稼働しているといえるか，この工程による内容量が正規母集団をなすと仮定して有意水準 1 % で検定せよ。

□   **Point: 母平均に関する検定 ⇒ 母分散が既知か未知かを文脈から読みとれ!**

解答例

この工程で作られる製品の内容量 (数値) を集めた母集団を Π とする。この母平均を μ，母分散を σ^2 で表すと，題意から $\sigma = 1$ かつ $\Pi = \mathrm{N}(\mu, 1^2)$ と仮定することになる (ゆえに母分散の値は $\sigma^2 = 1^2$ と既知の状況です)。いま，疑念をもたれているのは「$\mu = 80$ であるといってよいのであろうか」という点である。

この工程で食塩が充填された容器の中から無作為に 16 個を選んでその内容量を調べることは，この正規母集団 $\mathrm{N}(\mu, 1^2)$ から大きさ 16 の無作為標本 $X_1, X_2, \ldots, X_{16}$ を抽出することにほかならない。

標本調査を行う前に (という<ruby>体<rt>てい</rt></ruby>で) 考えること:

知りたいのは母平均 μ で，母分散の値は $\sigma^2 = 1$ と既知であるので，$T = \dfrac{\overline{X}_{16} - 80}{\sqrt{1^2/16}}$ を考えておく。

①: 帰無仮説 (H$_0$): 「$\mu = 80$」を仮定する。

②: 指定された有意水準は $\alpha = 1\% = 0.01$ である。(H$_0$) を仮定しているので，T は $T = \dfrac{\overline{X}_{16} - \mu}{\sqrt{\sigma^2/16}}$ と書き直せる。ゆえに p. 146 の内容により，T は標準正規分布 $\mathrm{N}(0,1)$ に従う。この両側 $100\alpha\% = 1\%$

点を $z_{0.995} (= -z_{0.005})$, $z_{0.005}$ とおけば,

$$\mathbf{P}\left(T < -z_{0.005} \text{ または } z_{0.005} < T\right)$$

$$= 0.005 + 0.005 = 0.01 = 1\%$$

であり, $\mathbf{P}(\ldots)$ の中の不等式が成り立つ確率が 1% と小さい。つまり, 帰無仮説 (H_0) を仮定している状況において, $\mathbf{P}(\ldots)$ 内の不等式が成り立つことは起こりにくいのである。また, アプリを使って $z_{0.995}$ と $z_{0.005}$ を求めておくと, $z_{0.995} = -z_{0.005} \fallingdotseq -2.58$, $z_{0.005} \fallingdotseq 2.58$ である。

標本調査を行った (もしくは調査結果を見た) 後に考えること:

③: 標本調査の結果, $X_1, X_2, \ldots, X_{16}$ の実現値を並べた 1 次元データ $x = (x_1, x_2, \ldots, x_{16})$ そのものは報告されていないが, 標本平均 $\overline{X}_{16}$ の実現値が $\overline{x} = 82.3$ であったことがわかっている。ゆえに T の実現値として $t = \dfrac{\overline{x} - 80}{\sqrt{1^2/16}} = \dfrac{82.3 - 80}{\sqrt{1^2/16}} = 9.2$ が得られたことになる。

③-a: いま, $z_{0.005} \fallingdotseq 2.58 < 9.2 = t$ となっている。つまり, 帰無仮説 (H_0) の下では起こりにくいはずのことが起きてしまったのである。そこで (H_0) を棄却し,「この工程により食塩の内容量が平均 80 g になるように充填されているとはいえない」と結論する。

例題 母平均に対する検定——母分散が未知の場合

近年，カタクチイワシの消化管からプラスチックが見つかっている。とある海域におけるカタクチイワシが誤飲するマイクロプラスチックの従来平均量は 1 匹あたり 2.6 粒の正規母集団をなすという。昨年取り組んだ水質改善の効果が現れているか調べるために研究チームが，この海域において採集したカタクチイワシ 20 匹の消化管を調べたところ，平均 2.3 粒，標準偏差 0.65 粒のマイクロプラスチックが見つかった。

昨年と比べてマイクロプラスチックの量は変化したといえるか，有意水準 5 ％ で検定せよ。

解答例 **p. 117** の記号の使い分けに注意!

この海域のカタクチイワシが 1 匹あたりに誤飲するマイクロプラスチックの粒数がなす母集団を Π とする。この母平均を μ，母分散を σ^2 で表すと，題意から $\Pi = N(\mu, \sigma^2)$ と仮定することになる (ゆえに母分散の値は未知の状況です)。いま，疑問なのは「$\mu = 2.6$ といってよいのか」という点である。

この海域から 20 匹のカタクチイワシを採取して誤飲されたマイクロプラスチックの粒数を調べることは，この正規母集団 $N(\mu, \sigma^2)$ から大きさ 20 の無作為標本 $X_1, X_2, \ldots, X_{20}$ を抽出することにほかならない。

標本調査を行う前に (という体で) 考えること:

知りたいのは母平均 μ で，母分散 σ^2 の値は未知の状況であるので $T = \dfrac{\overline{X}_{20} - 2.6}{\sqrt{U_{20}/20}}$ を考える。

①: 帰無仮説 (H_0):「$\mu = 2.6$」を仮定する。

②: 指定された有意水準は $\alpha = 5\,\% = 0.05$ である。(H_0) を仮定しているので，T は $T = \dfrac{\overline{X}_{20} - \mu}{\sqrt{U_{20}/20}}$ と書き直せる。ゆえに p. 146 の内容により，T は自由度 $20 - 1 = 19$ の t 分布に従う。この両側

$100\alpha\% = 5\%$ 点を $z_{0.975}$ $(= -z_{0.025})$, $z_{0.025}$ とおけば,

$$\mathbf{P}\left(T < -z_{0.025} \text{ または } z_{0.025} < T\right)$$

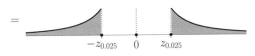

$$= 0.025 + 0.025 = 0.05 = 5\%$$

であり, $\mathbf{P}(...)$ の中の不等式が成り立つ確率が 5% と小さい。つまり, 帰無仮説 (H_0) を仮定している状況において, $\mathbf{P}(...)$ 内の不等式が成り立つことは起こりにくいのである。また, アプリを使って $z_{0.975}$ と $z_{0.025}$ を求めておくと, $z_{0.975} = -z_{0.025} \fallingdotseq -2.093$, $z_{0.025} \fallingdotseq 2.093$ である。

標本調査を行った (もしくは調査結果を見た) 後に考えること:

③: 標本調査の結果, $X_1, X_2, \ldots, X_{20}$ の実現値を並べた 1 次元データを $x = (x_1, x_2, \ldots, x_{20})$ とおくと, 標本平均 $\overline{X}_{20}$ の実現値が $\overline{x} = 2.3$ であり, 標本分散 V_{20} の実現値が $v = (0.65)^2$ であることが報告されている。特に, 不偏標本分散 U_{20} の実現値として $u = \frac{20}{19}v = \frac{20}{19}(0.65)^2$ が得られたことになる。ゆえに T の実現値として $t = \dfrac{\overline{x} - 2.6}{\sqrt{u/20}} = \dfrac{2.3 - 2.6}{\sqrt{(0.65)^2/19}} \fallingdotseq -2.012$ が得られたことになる。

③-b: いま, $-z_{0.025} \fallingdotseq -2.093 < -2.012 = t < 2.093 \fallingdotseq z_{0.025}$ となっており, 帰無仮説 (H_0) を棄却するほどに強い統計的な根拠は得られていない。今回の標本調査では「去年と比べて, カタクチイワシが誤飲するマイクロプラスチックの量が変化したとはいえない。」

例 題   母分散に対する検定

ある正規母集団 $N(\mu, \sigma^2)$ から 20 個のデータを抽出したところ，分散が 5.5 であった。この母集団の分散は 6.0 であるといえるか。有意水準 1% で検定せよ。

解答例

正規母集団 $N(\mu, \sigma^2)$ について「$\sigma^2 = 6.0$」であることを検定すればよい。

この標本調査では，正規母集団 $N(\mu, \sigma^2)$ から大きさ 20 の無作為標本 $X_1, X_2, \ldots, X_{20}$ を抽出して，それらが実際にとったデータを調べている。

標本調査を行う前に (という体で) 考えること:

知りたいのは母分散 σ^2 だから $T = \dfrac{20}{6.0}V_{20}$ を考える。

①: 帰無仮説 (H_0):「$\sigma^2 = 6.0$」を仮定する。

②: 指定された有意水準は $\alpha = 1\% = 0.01$ である。(H_0) を仮定しているので，T は $T = \dfrac{20}{\sigma^2}V_{20}$ と書き直せる。ゆえに p. 146 の内容により，T は自由度 $20 - 1 = 19$ の χ^2 分布に従う。この両側 $100\alpha\% = 1\%$ 点を $z_{0.995}, z_{0.005}$ とおけば，

$$\mathbf{P}\left(T < z_{0.995} \text{ または } z_{0.005} < T\right)$$

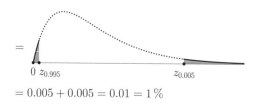

$$= 0.005 + 0.005 = 0.01 = 1\%$$

であり，$\mathbf{P}(...)$ の中の不等式が成り立つ確率が 1% と小さい。つまり，帰無仮説 (H_0) を仮定している状況において，$\mathbf{P}(...)$ 内の不等式が成り立つことは起こりにくいのである。また，アプリを使って $z_{0.995}$

と $z_{0.005}$ を求めておくと，$z_{0.995} \fallingdotseq 6.84$, $z_{0.005} \fallingdotseq 38.6$ である。

標本調査を行った (もしくは調査結果を見た) 後に考えること:

③: 標本調査の結果，$X_1, X_2, \ldots, X_{20}$ の実現値を並べた 1 次元データを $x = (x_1, x_2, \ldots, x_{20})$ とおくと，標本分散 V_{20} の実現値が $v = 5.5$ であることが報告されている。ゆえに T の実現値として $t = \dfrac{20}{6.0} v = \dfrac{20}{6.0} \times 5.5 \fallingdotseq 18.3$ が得られたことになる。

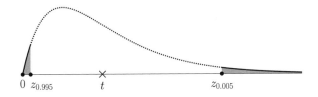

③-b: いま，$z_{0.995} \fallingdotseq 6.84 < 18.3 = t < 38.6 \fallingdotseq z_{0.005}$ となっており，帰無仮説 (H_0) を棄却するほどに強い統計的な根拠は得られない。今回の標本調査では，母分散について「$\sigma^2 = 6.0$ であることは否定できなかった」と結論する。

■╭──── 【演習問題 3.1】〈解答: p. 201〉────────────────────╮

全国模試の数学テスト (200 点満点) の成績は全国平均 110 点, 標準偏差 30 点である。ある指導者が教えるクラスのテストの点数はほぼ正規母集団をなすという。100 人からなるこのクラスの平均点は 115 点で, 標準偏差は 42 点あった。

(1) このクラスの数学の理解度は, 全国的にみて平均的といえるか, 有意水準 5 % で検定せよ。

(2) このクラスの数学の理解度は, 全国並みに足並みがそろっているといえるか, 有意水準 1 % で検定せよ。

╰──╯

■╭──── 【演習問題 3.2】〈解答: p. 202〉────────────────────╮

あるワイン工場で樽に注入されるワインの量はほぼ正規分布に従い, 通常は平均 228 L に設定されている。先月の台風の影響で機械が樽に注入するワインの量が変わったとの疑いがでた。そこで, この機械が注入した樽を 25 樽調べたところ, その平均は 227.5 L で標準偏差は 1.2 L であった。機械に不備が生じたといえるか, 有意水準 5 % で検定せよ。

╰──╯

■╭──── 【演習問題 3.3】〈解答: p. 203〉────────────────────╮

あるメーカーが作る蛍光灯の寿命は, 従来平均 1500 時間, 標準偏差 25 時間の正規分布に従うという。あるときこのメーカーが, この蛍光灯を作る工程に変更を加えた。試作品の中から 30 本を選んでその寿命を調べたところ, その標本平均は 1518 時間であったという。

(1) 蛍光灯の寿命は変化したといえるか, 有意水準 5 % で検定せよ。

(2) この工程の変更を行った技術者がいうには, 蛍光灯の寿命に関して改悪されていない (つまり平均寿命が従来平均を下回ることはない) ことに絶対の自信があるという。では, 工程の変更に伴って蛍光灯の寿命が改良されたといえるか, 有意水準 5 % で検定する方法について考えよ。

╰──╯

【演習問題 **3.4**】〈解答: **p. 204**〉

ある醸造所で造ったビールの原液 1 mL あたりに含まれるビール酵母の量を測定したところ, 次のデータが得られた。単位は 10^6 個である。

11.24 11.38 11.41 11.22 11.14 11.29 11.16 11.50 11.24 11.34

11.06 11.17 11.22 11.34 11.26 10.93 11.09 11.32 11.30 11.06

11.30 11.28 11.18 11.47 11.36 11.31 11.33 11.13 11.20 11.21

11.26 11.38 11.11 11.37 11.29 11.13 11.39 11.00 11.21 11.44

11.23 11.30 11.36 11.32 11.28 11.24 11.26 11.25 11.19 11.06

11.16 11.31 11.46 11.46 11.38 11.28 11.09 11.23 11.22 11.36

11.20 11.05 11.26 11.34 11.21 11.22 11.31 11.28 11.41 11.15

11.22 11.23 11.10 11.23 11.43 11.24 11.25 11.18 11.25 11.15

11.06 11.40 11.34 11.21 11.26 11.15 11.23 11.26 11.36 11.30

11.34 11.28 11.31 11.16 11.21 11.44 11.37 11.41 11.32 11.14

(1) 過去のデータから, この醸造所で造るビールは, 1 mL あたりに平均 11.25×10^6 個の酵母が含まれるときに最も風味が豊かといわれている。今回のビールは最も豊かな風味になっているといえるか, 有意水準 1 % で検定せよ (注意: 酵母の量が正規分布に従うという仮定はしていません!)。

(2) 過去のデータから, この醸造所で造るビールは, 1 mL あたりに含まれる酵母の量の標準偏差が 0.10×10^6 個の酵母が含まれるときに最もなめらかな味わいになるといわれている。今回のビールの味わいは最もなめらかといえるか, 有意水準 5 % で検定せよ。

▌ 3.3 検定における間違いの種類

　検定において帰無仮説と対立仮説は平等に扱われるものではない。帰無仮説が棄却される場合には比較的強い統計的根拠で棄却される一方で，帰無仮説が採択される場合にはその統計的根拠は乏しいままとなる。対立仮説は，比較的強い統計的根拠をもつ場合にのみ採択されるのである (対立仮説を棄却するという手順はありません!)。

　つまり，棄却される可能性のある帰無仮説に対して我々は何らかの責任を負うことになるため，帰無仮説の実際の真偽を主体に，検定結果の誤りには名前をつけておこう。

▶ 定義 3.3〈第一種の過誤・第二種の過誤〉

(i) 実際は帰無仮説 (H_0) が正しかったが，(H_0) を棄却して対立仮説 (H_1) を採択してしまう誤りを**第一種の過誤** (type I error) という。

―― 実際は帰無仮説が正しかったときにこの誤りを犯してしまう確率を危険率といいます。これは両側検定の手順の ③-a を行う際に起こるので，有意水準 α に等しくなります。

(ii) 実際は帰無仮説 (H_0) が間違っていたが，(H_0) を採択してしまう誤りを**第二種の過誤** (type II error) という。

―― この誤りを犯してしまう確率は少しややこしいですが，以下のように考えましょう。

✍ 第二種の過誤を犯す確率――母平均に対する両側検定の場合

　正規母集団 $N(\mu, \sigma^2)$ の母分散 σ^2 の値が具体的にわかっている場合に，母平均 μ に関する帰無仮説 (H_0):「$\mu = b$」を対立仮説 (H_1):「$\mu \neq b$」に対して両側検定した結果，第二種の過誤を犯してしまうシナリオを考える。つまり，帰無仮説 (H_0) は実際は間違っていたのに両側検定の結果 (H_0) を甘んじて採択してしまう場合である。このとき，

$$T = \frac{\overline{X}_n - b}{\sqrt{\sigma^2/n}} = \frac{\overline{X}_n - \mu}{\sqrt{\sigma^2/n}} + \frac{\mu - b}{\sqrt{\sigma^2/n}} \overset{\substack{\text{公式 2.4.11--(1)}\\+\\\text{公式 2.4.9--(1)}}}{\sim} N\left(\frac{\mu - b}{\sqrt{\sigma^2/n}}, 1\right)$$

であるので，(H_0) の下では $T \sim N(0,1)$ となる。

この分布を図示したものが，下図の左側の山である。しかし，帰無仮説が間違って
いたということは，T の "本当の" 分布はこの山ではない，ということである。選ぶ
b の値にも依るが，例えば $b \ll \mu$ (b が μ に比べて非常に小さいとする) の場合には，
下図のように T の "本当の" 分布は先ほどの山よりも右側にずれることになる。

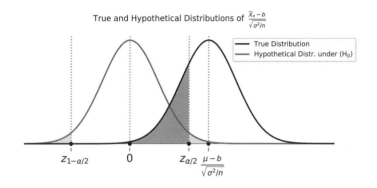

つまり，標本調査の結果が $(\mathrm{H_0})$ の下で の部分のグラフで囲まれる

部分の面積で表される (結構大きい) 確率で起こったために帰無仮説を採択した，と考

えているが，本当は の (前に比べればいく分か小さい) 確率で起こったこ

とを採択していることになる。この が，第二種の過誤を犯してしまう

確率である。

| 例 題 | 第二種の過誤 |

正規母集団 $N(\mu, 1)$ と数 b について帰無仮説 (H_0):「$\mu = b$」を対立仮説 (H_1):「$\mu \neq b$」に対して有意水準 99 ％ で仮説検定することを考える。1 回の仮説検定につき,この母集団 $N(\mu, 1)$ から大きさ 100 の無作為標本をとる予定である。

 (1) 数 b の母平均 μ からの近さ・遠さと第二種の過誤を犯す確率の大小のあいだの関係を考察せよ。

 (2) 実際に 100 回仮説検定したところ,(H_0) が 50 回棄却され,さらに 50 回採択された。この帰無仮説の真偽について考察し,それからどのような知見が得られるか考えよ。

Point: 帰無仮説と対立仮説は同等に扱われるものではない!

解答例

(1) 前ページの図より,数 b が母平均 μ に近いほうが第二種の過誤を犯す確率は大きくなり,遠いほうが第二種の過誤を犯す確率は小さくなる。

(2) 帰無仮説 (H_0) が正しかったとすると,100 回の仮説検定のうちおよそ 99 回近く (H_0) が採択されるはずであるので,これは不自然であるということになる。そこで帰無仮説 (H_0) が間違っていたと考えると,およそ 100 回中 50 回第二種の過誤を犯したことになる。つまり,第二種の過誤を犯す確率はおよそ 50 ％ であると見積もることができる。ゆえにおよそ

$$\left| \frac{\mu - b}{\sqrt{1/100}} \right| = z_{0.005}$$

が成り立っていると考えられる。つまり,母平均 μ の値は,数 b からおよそ $\frac{1}{10} z_{0.005}$ だけ離れた位置にあると推定できる。

4

モデルを信じる: 推定

疑うことから信じることへ

大きな母集団の母集団分布の形について知りたいとき，その母集団の要素全てを調査しきることはコストや時間などの面で多くの場合に現実的ではない。

この章では，特に母平均 $\overset{\text{ミュー}}{\mu}$ と母分散 $\overset{\text{シグマ二乗}}{\sigma^2}$ (このような量を $\overset{\text{ぼすう}}{\text{母数}}$ (parameter) といった) の値を知ることについて考えよう。母数を代表して $\overset{\text{シータ}}{\theta}$ と書くとき，標本調査をすることにより θ の値を見積もり，次の形の結論を得ることを目指すことにする。

○ (点推定，point estimation): θ の値は "およそ" $\boxed{\quad ? \quad}$ である。

○ (区間推定，interval estimation): $0 < \alpha < 1$ なる数値 $\overset{\text{アルファ}}{\alpha}$ に対して，θ が区間 ($\boxed{\quad ?? \quad}$, $\boxed{\quad ??? \quad}$) の中にある確率は $100(1-\alpha)\,\%$ である。

4.1 点推定——嘘を恐れずビシっと推定

母集団 Π から大きさ n の無作為標本 $X_1, X_2, \ldots, X_n$ が与えられたとき，p. 120 の内容により

$$\overline{X}_n \overset{n \to \infty}{\to} (\text{母平均 } \mu), \qquad V_n \overset{n \to \infty}{\to} (\text{母分散 } \sigma^2)$$

が成り立つので，実際に標本調査をすることにより得られた標本平均 $\overline{X}_n$ と標本分散 V_n (もしくは不偏標本分散 U_n) の値は，それぞれ母平均 μ と母分散 σ^2 の値に近いはずである。こうして標本調査の結果得られた標本平均 $\overline{X}_n$ と標本分散 V_n の実現値をそれぞれ μ と σ^2 の推定値とすることを点推定という。

標本平均の性質 (**p. 11**) より，$\dfrac{1}{n}\displaystyle\sum_{i=1}^{n}(X_i - \mu)^2 \geqq \dfrac{1}{n}\sum_{i=1}^{n}(X_i - \overline{X}_n)^2 = V_n$ となる。これらの期待値として $\sigma^2 \geqq \mathbf{E}[V_n]$ が成り立つため，標本分散 V_n は母分散 σ^2 を小さく見積もる傾向がある。この意味で，不偏標本分散 U_n はこの見積もりを補正する役割をもつのである[*1]。

点推定の妥当性

この点推定の手法の妥当性について，標本平均 $\overline{X}_n$ による母平均 μ の点推定を例にあげて，中心極限定理 (**p. 126**) の観点からもう少し考察してみよう。中心極限定理によると，およそ

$$\overline{X}_n = \frac{1}{n}\sum_{i=1}^{n}X_i = \frac{\sigma}{\sqrt{n}}\underbrace{\frac{1}{\sqrt{n}}\sum_{i=1}^{n}\frac{X_i - \mu}{\sigma}}_{\wr \, \mathrm{N}(0,1)} + \mu$$

$$\sim \frac{\sigma}{\sqrt{n}}\mathrm{N}(0,1) + \mu \overset{\substack{\text{公式 (a)}\\ \text{(p. 138)}}}{=} \mathrm{N}\left(0, \frac{\sigma^2}{n}\right) + \mu = \mathrm{N}\left(\mu, \frac{\sigma^2}{n}\right)$$

となる。つまり，$\overline{X}_n$ はほぼ，平均 μ，分散 $\dfrac{\sigma^2}{n}$ の正規分布に従うのである。$\sigma^2 = 1$

[*1] これにより V_n よりも U_n のほうが便利だと思うかもしれないが，本書で紹介を控えた「最尤推定」とよばれる手法では，本書とは別の視点から組 (μ, σ^2) の推定値を $(\overline{X}_n, V_n)$ の実現値とすることに一定の根拠を与えている。

の場合に，$\mathrm{N}\left(\mu, \dfrac{\sigma^2}{n}\right) = \mathrm{N}\left(\mu, \dfrac{1}{n}\right)$ の確率密度関数のグラフを n の値ごとに描くと，次の図のようになる。

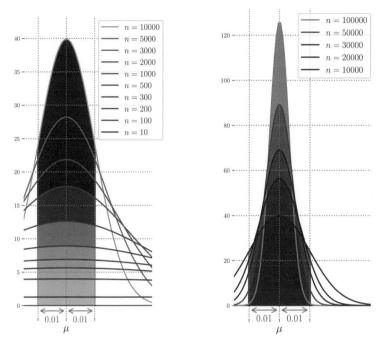

それぞれの n の値に応じて，塗りつぶされた部分の面積はほぼ

$$\mathbf{P}(\mu - 0.01 \leqq \overline{X}_n \leqq \mu + 0.01)$$

の値を表している。標本の大きさ n が大きくなるにつれて，塗りつぶされた面積が大きくなっていくことがわかる。右上の図のように，標本の大きさが $n = 100000$ にもなると，塗りつぶされた部分が横軸とグラフとが囲む部分のほとんどを占めている。したがって $\mathbf{P}(\mu - 0.01 \leqq \overline{X}_{100000} \leqq \mu + 0.01)$ の値がほぼ 1 になっていることが見てとれる。つまり，$\overline{X}_{100000}$ の値が ± 0.01 の誤差を除いて μ の値をほぼ $100\,\%$ 言い当てている，ということを表している。この考え方は，次節に紹介する区間推定の考え方につながっていく。一方で，左上の図のように標本の大きさ n が比較的小さい場合はこのようにはなっていない。つまり標本の大きさが，点推定の信憑性にかかわるのである。

| 例 題 | 点推定の練習 |

正規母集団 $N(1,4)$ から大きさ 20 の無作為標本 $X_1, X_2, \ldots, X_{20}$ をとる標本調査を行った結果，これらの実現値として次のデータが得られた。

| 3.66 | 2.43 | −2.09 | 0.98 | 2.24 | −0.44 | 1.53 | 1.22 | 1.01 | 0.65 |
| 1.87 | 3.41 | −0.93 | 3.06 | 1.46 | 1.89 | −1.27 | 1.27 | 3.97 | −1.16 |

(1) 母平均 $\mu = 1$ の値を，これらの標本平均を用いて点推定せよ。

(2) 母分散 $\sigma^2 = 4$ の値を，これらの不偏標本分散を用いて点推定せよ。

Point: 普通，母数の点推定では母数の真の値との誤差が生じます!

| 解答例 | **p. 117** の記号の使い分けに注意! |

上に並べられた 1 次元データは，標本調査の結果として無作為標本 $X_1, X_2, \ldots, X_{20}$ が実際にとった値 $x_1, x_2, \ldots, x_{20}$ を並べたものであると考える。この 1 次元データをまとめて $x = (x_1, x_2, \ldots, x_{20})$ と表しておく。

(1) 母平均 μ の値を点推定するためには，標本平均 $\overline{X}_{20} = \dfrac{1}{20} \sum_{i=1}^{20} X_i$ がこの標本調査において実際にとった値 $\overline{x} = \dfrac{1}{20} \sum_{i=1}^{20} x_i$ を μ の推定値として考える。そこで $\overline{x}$ の値を電卓で計算すると

$$\overline{x} = \frac{x_1 + x_2 + \cdots + x_{20}}{20}$$

$$= \frac{1}{20} \left(\begin{array}{l} 3.66 + 2.43 - 2.09 + 0.98 + 2.24 \\ - 0.44 + 1.53 + 1.22 + 1.01 + 0.65 \\ + 1.87 + 3.41 - 0.93 + 3.06 + 1.46 \\ + 1.89 - 1.27 + 1.27 + 3.97 - 1.16 \end{array} \right)$$

$$= 1.238.$$

ゆえに，母平均 μ の点推定の結果，推定値として考えた $\overline{x} = 1.238$ は $\mu = 1$ に近いものの，完全に一致しているわけではない。

(2) 母分散 σ^2 の値を点推定するために
は, 標本分散 $V_{20} = \frac{1}{20} \sum_{i=1}^{20} (X_i - \overline{X}_{20})^2$ また
は不偏標本分散 $U_{20} = \frac{1}{19} \sum_{i=1}^{20} (X_i - \overline{X}_{20})^2$
がこの標本調査において実際にと
った値 $v = \frac{1}{20} \sum_{i=1}^{20} (x_i - \overline{x})^2$ もしくは
$u = \frac{1}{19} \sum_{i=1}^{20} (x_i - \overline{x})^2$ を σ^2 の推定値として
考える。分散公式 (**p. 39**) を用いて v の値
を計算するために, 各データ x_i に対して
$(x_i)^2$ の (近似) 値を電卓で計算しておくと,
右表のようにまとめられる。

いま, 分散公式を用いると $v = 4.3245 - (1.238)^2 \fallingdotseq 2.79$ (近似値を用いずに正確に計
算すると $v = 2.792436$) となる。不偏標本
分散 U_{20} を用いた σ^2 の点推定の場合は,
$u = \frac{20}{19} v \fallingdotseq \frac{20}{19} \cdot 2.79 \fallingdotseq 2.94$ となる。

ゆえに, 母分散 σ^2 の点推定の結果, 推定
値として考えた $v = 2.79$ や $u = 2.94$ は,
実際の σ^2 の値 $\sigma^2 = 4$ からみて (それほど)
大きく離れているとまでは言い切れないが,
それでも 1 以上も離れている。

i	x_i	$(x_i)^2$
1	3.66	13.40
2	2.43	5.90
3	−2.09	4.37
4	0.98	0.96
5	2.24	5.02
6	−0.44	0.19
7	1.53	2.34
8	1.22	1.49
9	1.01	1.02
10	0.65	0.42
11	1.87	3.50
12	3.41	11.63
13	−0.93	0.86
14	3.06	9.36
15	1.46	2.13
16	1.89	3.57
17	−1.27	1.61
18	1.27	1.61
19	3.97	15.76
20	−1.16	1.35
上の平均	1.238	4.3245

4.2 区間推定——嘘を避けて言い切る推定

$0 < \alpha < 1$ なる α の値を決めたとき，正規母集団 $N(\mu, \sigma^2)$ の母数 μ や σ^2 などの具体的な値が，区間 ($\boxed{??}$, $\boxed{???}$) の中にある確率は $100(1-\alpha)$ ％ であるという結論を導くことについて考えよう。

区間推定の手順——標本調査の結果を見る前に考えること

母集団 $N(\mu, \sigma^2)$ からの大きさ n の無作為標本 $X_1, X_2, \ldots, X_n$ をとる。次の手順をふむことで上記の結論を導こう。

① 状況に応じて T を次のようにおく。

Case 1. 知りたい母数が μ で，かつ σ^2 の値が既知のとき $T = \dfrac{\overline{X}_n - \mu}{\sqrt{\sigma^2/n}}$.

——標本調査の結果として n と $\overline{X}_n$ の値が得られます。σ^2 の値は既にわかっているため，標本調査の結果を見れば，知りたい母数 μ を除いて，T の式に現れる全ての数値が得られます。

Case 2. 知りたい母数が μ で，かつ σ^2 の値が未知のとき $T = \dfrac{\overline{X}_n - \mu}{\sqrt{U_n/n}}$.

——標本調査の結果を見れば $n, \overline{X}_n$ と U_n の値が得られるので，知りたい母数 μ を除いて，T の式に現れる全ての数値が得られます。

Case 3. 知りたい母数が σ^2 のとき $T = \dfrac{n}{\sigma^2} V_n$.

——標本調査の結果を見れば n と V_n の値が得られるので，知りたい母数 σ^2 を除いて，T の式に現れる全ての数値が得られます。

(いずれの場合も，T には知りたい母数が忍ばされていることに注意!)

② 公式 (**p. 146**) と分布表を組み合わせることにより，目標に応じて $0 < \alpha < 1$ を指定したとき，以下をみたす両側 100α ％ 点 $z_{1-\frac{\alpha}{2}}, z_{\frac{\alpha}{2}}$ を見つける。

$$\mathbf{P}\left(z_{1-\frac{\alpha}{2}} < T < z_{\frac{\alpha}{2}}\right) = 100(1-\alpha)\,\%$$

③ T には知りたい母数が忍ばされていたことを思い出して，上の $\mathbf{P}(\ldots)$ の中の不等式を，知りたい母数に関して

$$\boxed{??} < (\text{知りたい母数}) < \boxed{???}$$

という形に解く。

すると結果的に

$$\mathrm{P}\left(\boxed{??} < (\text{知りたい母数}) < \boxed{???}\right) = 100(1-\alpha)\,\%$$

という式が得られ，知りたい母数が区間 ($\boxed{??}$, $\boxed{???}$) に入っている確率が $100(1-\alpha)\,\%$ であるとわかる。

定義 4.1〈信頼区間〉

上に現れた区間 ($\boxed{??}$, $\boxed{???}$) を，その母数に対する信頼度 $(1-\alpha)$ の **信頼区間** (confidence interval)（もしくは $100(1-\alpha)\,\%$ 信頼区間）とよび，上の ①–③ の手順で信頼区間を求めることを区間推定という。

区間推定の手順—標本調査の結果を見てから考えること

上の手順で求めた信頼区間 ($\boxed{??}$, $\boxed{???}$) の端点 $\boxed{??}$ と $\boxed{???}$ には，手順③ の操作に伴って，$\overline{X}_n, V_n$, もしくは U_n などの，標本調査の後に値が明らかになる要素が現れる。そこで標本調査の結果 $X_1, X_2, \ldots, X_n$ が実際にとった値を並べた 1 次元データ $x = (x_1, x_2, \ldots, x_n)$ の報告を受けたあと，$\overline{X}_n, V_n, U_n$ の実現値である $\overline{x}, v, u$ (**p. 117** の記法を思い出すこと!) を計算して，それぞれの箇所に代入する。こうして具体的な数値を端点にもつ区間が得られる。この区間は標本調査を行うたびに変動しうるが，理論的には

「100 回標本調査をすれば，およそ $100(1-\alpha)$ 回は知りたい母数の値が，こうして得られる区間の中に入っている」

という意味で，知りたい母数の値が，今回の標本調査で得られた区間の中に入っていることに $100(1-\alpha)\,\%$ の "自信" がもてる。この意味で，この区間のこともまた「信頼度 $100(1-\alpha)\,\%$ の信頼区間」とよぶ。

母平均の区間推定—母分散が既知の場合

あるメーカーの軽自動車のガソリン 1L
あたりの走行距離は標準偏差 0.30 km の
正規母集団をなすという。この正規母集
団の母平均 μ の値を調べるために，4 台を
無作為に選んで走行距離を調べたところ，
右の結果を得た。この結果をもとにして
次の問いに答えよ。

個体番号	走行距離 km/L
1	31.0
2	33.2
3	32.5
4	29.7

(1) 母平均 μ を点推定せよ。

(2) 母平均 μ に対する 99 % 信頼区間を求めよ。

Point: 母平均の区間推定 ⇒ 母分散の具体的な数値が既知か未知かをまず確認!

解答例

このメーカーの軽自動車のガソリン 1L あたりの走行距離がなす母集団 Π
の母平均を μ とする。このとき，題意から $\Pi = \mathrm{N}(\mu, (0.30)^2)$ となっている
ので，母分散 σ^2 の値は $\sigma^2 = (0.30)^2 = 0.09$ とわかっている (よって母分散
は既知です)。

4 台を無作為に選んでその走行距離を調べることは，この正規母集団
$\mathrm{N}(\mu, (0.30)^2)$ から大きさ 4 の無作為標本 X_1, X_2, X_3, X_4 を抽出することに
ほかならない。

標本調査の結果を見る前に考えること:

　　　p. 146 の内容から，$\dfrac{\overline{X}_4 - \mu}{\sqrt{(0.30)^2/4}}$ は標準正規分布 $\mathrm{N}(0,1)$ に従う。そ
　　こで $\mathrm{N}(0,1)$ の両側 99 % 点を $-z_{0.005}, z_{0.005}$ とおけば，

$$\mathrm{P}\left(-z_{0.005} < \frac{\overline{X}_4 - \mu}{\sqrt{(0.30)^2/4}} < z_{0.005}\right) =$$

$$= 1 - (0.005 + 0.005) = 0.99 = 99\%$$

となる。この $\mathbf{P}(...)$ の中の不等式を μ に関して解くと，

$$\overline{X}_4 - z_{0.005}\sqrt{\frac{(0.30)^2}{4}} < \mu < \overline{X}_4 + z_{0.005}\sqrt{\frac{(0.30)^2}{4}} \qquad (4.1)$$

が99％の確率で成り立っていることになる。標本調査を行う都度この左辺と右辺の値が変わりうるが，「100回の標本調査を行ったとき，およそ99回はこの不等式が成り立つであろう」という意味である。

標本調査の結果を見た後に考えること:

標本調査の結果，X_1, X_2, X_3, X_4 の実現値として，順に $x_1 = 31.0$, $x_2 = 33.2$, $x_3 = 32.5$, $x_4 = 29.7$ が得られたことになる。これらを並べた1次元データを $x = (x_1, x_2, x_3, x_4)$ とおく。

(1) この結果に基づいて $\overline{X}_4$ の実現値として得られる $\overline{x}$ の値により母平均 μ を点推定すると

$$\overline{x} = \frac{31.0 + 33.2 + 32.5 + 29.7}{4} = \frac{126.4}{4} = \mathbf{31.6}.$$

(2) $z_{0.005} \fallingdotseq 2.5758$ であるので，不等式 (4.1) の左辺と右辺の実現値はそれぞれ

$$\overline{x} - z_{0.005}\sqrt{\frac{(0.30)^2}{4}} \fallingdotseq 31.6 - 2.5758\sqrt{\frac{(0.30)^2}{4}} \fallingdotseq 31.2,$$

$$\overline{x} + z_{0.005}\sqrt{\frac{(0.30)^2}{4}} \fallingdotseq 31.6 + 2.5758\sqrt{\frac{(0.30)^2}{4}} \fallingdotseq 32.0$$

となる。ゆえに，100回中およそ99回起こるという意味で，$31.2 < \mu < 32.0$ であることに99％の "自信" がもてる。以上により，今回の標本調査で得られた μ に対する信頼度99％信頼区間 (の実現値) は **(31.2, 32.0)** である。

| 例 題 | 母平均の区間推定——母分散が未知の場合 |

ある機械が作るボルトの長さはほぼ正規母集団をなすという。この機械が
作った無数のボルトの中から無作為に 25 本を選んでその長さを測ったとこ
ろ，その平均は 2.53 cm で標準偏差は 0.12 cm であった。この機械が作る
ボルトの長さの平均 μ に対する 99 ％ 信頼区間を求めよ。

Point: "標準偏差" がデータの標準偏差と $\sqrt{母分散}$ のどちらを表すかは
文脈から判断!

| 解答例 | まずは母分散の具体的な数値が既知か未知かを確認! |

この機械が作るボルトの長さ (数値) を集めた母集団を Π とする。この母平
均を μ，母分散を σ^2 で表すと，題意から $\Pi = \mathrm{N}(\mu, \sigma^2)$ と考えてよい。

　この機械が作る無数のボルトの中から無作為に 25 本を選んでその長さ
を調べることは，この正規母集団 $\mathrm{N}(\mu, \sigma^2)$ から大きさ 25 の無作為標本
$X_1, X_2, \ldots, X_{25}$ を抽出することにほかならない。文脈から，この標本調査
の後に $X_1, X_2, \ldots, X_{25}$ が実際にとった 1 次元データの標準偏差が 0.12 で
あるので，この 0.12 は σ の本当の値を表しているとは限らない。(よって，
母分散は未知です。母平均や母分散の値は標本調査の結果を見る前からわかってい
る数値でなければなりません。標本調査の結果を見ないと報告できない数値は母数
の点推定値にはなりえても，母数そのものであるとは限らないことに注意しよう。)

標本調査の結果を見る前に考えること:

　　p. 146 の内容から，$\dfrac{\overline{X}_{25} - \mu}{\sqrt{U_{25}/25}}$ は自由度 $25 - 1 = 24$ の t 分布 t_{24} に
従う。そこで t_{24} の両側 99 ％ 点を $-z_{0.005}, z_{0.005}$ とおけば，

$$\mathrm{P}\left(-z_{0.005} < \frac{\overline{X}_{25} - \mu}{\sqrt{U_{25}/25}} < z_{0.005}\right) =$$

$$= 1 - (0.005 + 0.005) = 0.99 = 99\%$$

となる。この $\mathrm{P}(...)$ の中の不等式を μ に関して解くと，

$$\overline{X}_{25} - z_{0.005}\sqrt{\frac{U_{25}}{25}} < \mu < \overline{X}_{25} + z_{0.005}\sqrt{\frac{U_{25}}{25}} \qquad (4.2)$$

が 99 ％ の確率で成り立つ。標本調査を行う都度この左辺と右辺の値が変わりうるが，「100 回の標本調査を行ったとき，およそ 99 回はこの不等式が成り立つであろう」という意味である。

標本調査の結果を見た後に考えること:

標本調査の結果，$X_1, X_2, \ldots, X_{25}$ の実現値を並べた 1 次元データ $x = (x_1, x_2, \ldots, x_{25})$ そのものは報告されていないが，標本平均 $\overline{X}_{25}$ と標本標準偏差 $\sqrt{V_{25}}$ の実現値が $\overline{x} = 2.53$, $\sqrt{v} = 0.12$ であったことが報告されている。特に，不偏標本分散 $U_{25} = \frac{25}{24}V_{25}$ の実現値は $u = \frac{25}{24}v = \frac{25}{24}(0.12)^2 = 0.015$ となる。また，$z_{0.005} \fallingdotseq 2.797$ であるので，不等式 (4.2) の左辺と右辺の実現値はそれぞれ

$$\overline{x} - z_{0.005}\sqrt{\frac{u}{25}} \fallingdotseq 2.53 - 2.797\sqrt{\frac{0.015}{25}} \fallingdotseq 2.46,$$

$$\overline{x} + z_{0.005}\sqrt{\frac{u}{25}} \fallingdotseq 2.53 + 2.797\sqrt{\frac{0.015}{25}} \fallingdotseq 2.60$$

となる。ゆえに，100 回中およそ 99 回起こるという意味で，$2.46 < \mu < 2.60$ であることに 99 ％ の "自信" がもてる。以上から，今回の標本調査で得られた μ に対する信頼度 99 ％ 信頼区間 (の実現値) は **(2.46, 2.60)** である。

(この問題において，標準偏差 0.12 cm の報告は必要ありません。標本標準偏差 $\sqrt{V_{25}}$ の実現値 $\sqrt{v}$ と母数 σ を混同してしまわないように注意を促すためのフェイントでした。)

| 例 題 | 母分散の区間推定 |

ある機械部品の製法によると，その製品の重量はほぼ正規母集団をなすとい
う。この製法で作られる無数の製品の中から無作為に 40 個を選んでその重
量を測定したところ，その標準偏差は 35 g であった。この製法で作られる
製品の重量の母分散 σ^2 に対する 95 % 信頼区間を求めよ。

解答例

この製法で作られる製品の重量 (数値) を集めた母集団を Π とする。この母
平均を μ，母分散を σ^2 で表すと，題意から $\Pi = \mathrm{N}(\mu, \sigma^2)$ と考えてよい。
(母平均 μ の値は未知です。)

　この製法で作る無数の製品の中から無作為に 40 個を選んでその長さ
を調べることは，この正規母集団 $\mathrm{N}(\mu, \sigma^2)$ から大きさ 40 の無作為標本
$X_1, X_2, \ldots, X_{40}$ を抽出することにほかならない。

標本調査の結果を見る前に考えること:

p. 146 の内容により，$\dfrac{40}{\sigma^2} V_{40}$ は自由度 $40 - 1 = 39$ の χ^2 分布 χ_{39}^2
に従う。そこで χ_{39}^2 の両側 95 % 点を $z_{0.975}, z_{0.025}$ とおけば，

$$\mathbf{P}\left(z_{0.975} < \frac{40}{\sigma^2} V_{40} < z_{0.025}\right) =$$

$$= \quad - $$

$$= 0.975 - 0.025 = 0.95 = 95\,\%$$

となる。この $\mathbf{P}(\ldots)$ の中の不等式を σ^2 に関して解くと，

$$\frac{40V_{40}}{z_{0.025}} < \sigma^2 < \frac{40V_{40}}{z_{0.975}} \tag{4.3}$$

が 95 ％ の確率で成り立つ。

標本調査の結果を見た後に考えること:

標本調査の結果，$X_1, X_2, \ldots, X_{40}$ の実現値を並べた 1 次元データ $x = (x_1, x_2, \ldots, x_{40})$ そのものは報告されていないが，標本標準偏差 $\sqrt{V_{40}}$ の実現値が $\sqrt{v} = 35$ であったことが報告されている。また，$z_{0.025} \fallingdotseq 58.12$, $z_{0.975} \fallingdotseq 23.65$ であるので，不等式 (4.3) の左辺と右辺の実現値はそれぞれ

$$\frac{40v}{z_{0.025}} \fallingdotseq \frac{40(35)^2}{58.12} \fallingdotseq 843.08, \qquad \frac{40v}{z_{0.975}} \fallingdotseq \frac{40(35)^2}{23.65} \fallingdotseq 2071.88$$

となる。ゆえに，100 回中およそ 95 回起こるという意味で，843.08 < σ^2 < 2071.88 であることに 95 ％ の "自信" がもてる。以上により，今回の標本調査で得られた μ に対する信頼度 95 ％ 信頼区間 (の実現値) は $(843.08, 2071.88)$ である。

参考: 母平均 μ の具体的な値が既知の場合の母分散 σ^2 の区間推定

上のように $\frac{n}{\sigma^2}V_n \; (\sim \chi_{n-1}^2)$ による σ^2 の区間推定では，μ の値が既知か未知であるかは関係ないが，μ の具体的な値が既知の場合には特に，「$\frac{n}{\sigma^2}\widehat{\Sigma^2}$ が自由度 n の χ^2 分布に従う」という事実を使うことができる (自由度が 1 だけ大きくなります)。ただし $\widehat{\Sigma^2} = \frac{1}{n}\sum_{i=1}^{n}(X_i - \mu)^2$ は p. 7 に現れた，数値 μ が $X_1, X_2, \ldots, X_n$ から受けるペナルティである。これを使うと，$\frac{n}{\sigma^2}V_n$ を用いるよりも，わからない情報 (つまり μ の値に関する情報) の量が少なくなり，その結果，σ^2 に対する信頼区間の幅が狭まることが期待できる。

【演習問題 4.1】〈解答: **p. 206**〉

ある地域で 1 年間に食べられているカステラの量はほぼ標準偏差 0.8 本の正規分布に従うという。この地域から無作為に選んだ 25 人のアンケート結果を集計したところ，1 人あたり 5.28 本を食べていた。この地域で食べられているカステラの平均本数に対する信頼度 99 % 信頼区間を求めよ。

【演習問題 4.2】〈解答: **p. 206**〉

M 食堂で出されるアジフライの大きさはほぼ正規分布に従うという。あるとき，この食堂でアジフライ 20 食分を注文しその大きさを調べたところ，平均 19 cm，標準偏差 1.5 cm であった。

(1) この食堂が提供するアジフライの大きさの平均に対する信頼度 95 % 信頼区間を求めよ。

(2) この食堂が提供するアジフライの大きさのばらつき (標準偏差) に対する信頼度 99 % 信頼区間を求めよ。

【演習問題 4.3】〈解答: **p. 207**〉

T 屋デパートのパン屋で出されるサンドイッチ 1 セットあたりに含まれる蜂蜜の量はほぼ正規母集団をなすという。従業員がどれほど注意を払ってこの分量を守っているかを調べるために，このサンドイッチを 10 セット買って含まれる蜂蜜の量を調べたところ，そのばらつきが標準偏差 0.01 cc ほどであった。この正規分布の母分散に対する信頼度 99 % 信頼区間を求めよ。

【演習問題 4.4】〈解答: **p. 207**〉

内閣支持率について調査するために無作為に 10000 人を選び，アンケートを行った結果，その 62 % が支持者であった。内閣支持率に対する信頼度 95 % 信頼区間を求めよ。

【演習問題 4.5】〈解答: p. 208〉

ある醸造所で造ったビールの原液 1 mL あたりに含まれるビール酵母の量を測定したところ，次のデータが得られた。単位は 10^6 個である。

11.24　11.38　11.41　11.22　11.14　11.29　11.16　11.50　11.24　11.34
11.06　11.17　11.22　11.34　11.26　10.93　11.09　11.32　11.30　11.06
11.30　11.28　11.18　11.47　11.36　11.31　11.33　11.13　11.20　11.21
11.26　11.38　11.11　11.37　11.29　11.13　11.39　11.00　11.21　11.44
11.23　11.30　11.36　11.32　11.28　11.24　11.26　11.25　11.19　11.06
11.16　11.31　11.46　11.46　11.38　11.28　11.09　11.23　11.22　11.36
11.20　11.05　11.26　11.34　11.21　11.22　11.31　11.28　11.41　11.15
11.22　11.23　11.10　11.23　11.43　11.24　11.25　11.18　11.25　11.15
11.06　11.40　11.34　11.21　11.26　11.15　11.23　11.26　11.36　11.30
11.34　11.28　11.31　11.16　11.21　11.44　11.37　11.41　11.32　11.14

(1) この醸造所で造るビール 1 mL あたりに含まれる酵母の量の分散に対する信頼度 95 % 信頼区間を求めよ。

(2) この醸造所で造るビール 1 mL あたりに含まれる酵母の量が正規分布に従うと仮定したとき，その分散に対する信頼度 95 % 信頼区間を求めよ。

| 例 題 | 区間推定と仮説検定の関係 |

母平均 μ と母分散 σ^2 が未知の正規母集団 $N(\mu, \sigma^2)$ から大きさ n の無作為標本 $X_1, X_2, \ldots, X_n$ を抽出する。このとき，$0 < \alpha < 1$ をみたす任意の実数 α に対して，次の 2 つが同値であることを確かめよ。

(1) 母平均 μ に対する信頼度 $100(1-\alpha)$％信頼区間が 0 を含まない。

(2) 帰無仮説 (H_0):「$\mu = 0$」を対立仮説 (H_1):「$\mu \neq 0$」に対して仮説検定するとき，有意水準 α で (H_0) が棄却される。

Point: 区間推定と両側検定は表と裏の関係にある！

| 解答例 |

$\dfrac{\overline{X}_n - \mu}{\sqrt{U_n/n}}$ は自由度 $(n-1)$ の t 分布 t_{n-1} に従う。そこで t_{n-1} の両側 100α％点を $z_{\frac{\alpha}{2}}$ で表す。また，標本調査の結果 $\overline{X}_n$ と U_n がとった値をそれぞれ $\overline{x}, u$ とする。

母平均 μ に対する信頼度 $100(1-\alpha)$％信頼区間 (の実現値) は

$$\left(\overline{x} - z_{\frac{\alpha}{2}}\sqrt{\frac{u}{n}},\ \overline{x} + z_{\frac{\alpha}{2}}\sqrt{\frac{u}{n}} \right)$$

であり，これが 0 を含まないための必要十分条件は $0 < \overline{x} - z_{\frac{\alpha}{2}}\sqrt{\dfrac{u}{n}}$ または $\overline{x} + z_{\frac{\alpha}{2}}\sqrt{\dfrac{u}{n}} < 0$ である。この 2 つの条件をまとめると $\left| \dfrac{\overline{x}}{\sqrt{u/n}} \right| > z_{\frac{\alpha}{2}}$ となる。

一方で，帰無仮説 (H_0) の下で $\dfrac{\overline{X}_n}{\sqrt{U_n/n}}$ は自由度 $(n-1)$ の t 分布 t_{n-1} に従うので，$\left| \dfrac{\overline{x}}{\sqrt{u/n}} \right| > z_{\frac{\alpha}{2}}$ が起こったときに (H_0) は棄却される。

以上により (1) と (2) の同値性がわかる。

例 題 発展: 予測区間

正規母集団 $N(\mu, \sigma^2)$ から大きさ n の無作為標本 $X_1, X_2, \ldots, X_n$ を抽出し,その後,さらにもう一つの標本点 X_{n+1} を無作為に抽出する。このとき,次の問いに答えよ。

(1) $\dfrac{X_{n+1} - \mu}{\sigma}$ が正規分布 $N(0, 1)$ に従うことを確かめよ。また,$N(0, 1)$ の両側 100α % 点 (ただし $0 < \alpha < 1$) を $z_{\frac{\alpha}{2}}$ とするとき,

$$\mu - z_{\frac{\alpha}{2}}\sigma < X_{n+1} < \mu + z_{\frac{\alpha}{2}}\sigma$$

が成り立つ確率が $100(1 - \alpha)$ % であることを確かめよ。

(2) $\dfrac{X_{n+1} - \overline{X}_n}{\sqrt{U_n(1 + \frac{1}{n})}}$ は自由度 $(n-1)$ の t 分布に従うことが知られている。

自由度 $(n-1)$ の t 分布の両側 100α % 点を $w_{\frac{\alpha}{2}}$ とおくとき,

$$\overline{X}_n - w_{\frac{\alpha}{2}}\sqrt{U_n(1 + \tfrac{1}{n})} < X_{n+1} < \overline{X}_n + w_{\frac{\alpha}{2}}\sqrt{U_n(1 + \tfrac{1}{n})}$$

が成り立つ確率が $100(1 - \alpha)$ % であることを確かめよ。

予 測 区 間

(1) の結果は一見,$100(1-\alpha)$ % で X_{n+1} がとる値の範囲 $\mu - z_{\frac{\alpha}{2}}\sigma \overset{\text{から}}{\sim} \mu + z_{\frac{\alpha}{2}}\sigma$ を予測したようにみえるが,母平均 μ や母分散 σ^2 の値が未知である場合には,この区間がわかったことにはならない。一方で,(2) の結果 得られる区間

$$\left(\overline{X}_n - w_{\frac{\alpha}{2}}\sqrt{U_n(1 + \tfrac{1}{n})},\ \overline{X}_n + w_{\frac{\alpha}{2}}\sqrt{U_n(1 + \tfrac{1}{n})} \right)$$

であれば,標本調査の結果 $\overline{X}_n$ と U_n のとった値がそれぞれ $\overline{x}, u$ であったという報告を受けた後に,次の X_{n+1} の値はおよそ $\overline{x} - w_{\frac{\alpha}{2}}\sqrt{u(1 + \tfrac{1}{n})} \overset{\text{から}}{\sim}$ $\overline{x}_n + w_{\frac{\alpha}{2}}\sqrt{u(1 + \tfrac{1}{n})}$ にあるであろうと予想することができる。この区間を X_{n+1} に対する $100(1 - \alpha)$ % **予測区間** (prediction interval) という。

上の標本調査を繰り返して「毎回の標本調査ごとに予測区間をこしらえて，その予測が正しいかどうかを確認する」ことを 100 回繰り返すとき，およそ $100(1-\alpha)$ 回は予想が的中することを表している。

解答例

(1) $X_{n+1} \sim \mathrm{N}(\mu, \sigma^2)$ であるから，公式 (**p. 138**) より

$$\frac{X_{n+1}-\mu}{\sigma} \sim \frac{\mathrm{N}(\mu,\sigma^2)-\mu}{\sigma} \overset{\substack{\text{公式 (a)}\\ \text{(\textbf{p. 138})}}}{=} \frac{\mathrm{N}(0,\sigma^2)}{\sigma} \overset{\substack{\text{公式 (b)}\\ \text{(\textbf{p. 138})}}}{=} \mathrm{N}(0,1).$$

ゆえに $\mathrm{N}(0,1)$ の両側 $100\alpha\%$ 点を $-z_{\frac{\alpha}{2}},\, z_{\frac{\alpha}{2}}$ と表せば，

$$\mathbf{P}\left(-z_{\frac{\alpha}{2}} < \frac{X_{n+1}-\mu}{\sigma} < z_{\frac{\alpha}{2}}\right) = 100(1-\alpha)\%$$

が成り立つ。この $\mathbf{P}(...)$ の中の不等式を X_{n+1} に関して解くと

$$\mu - z_{\frac{\alpha}{2}} < X_{n+1} < \mu + z_{\frac{\alpha}{2}}$$

が得られるので，この不等式が成り立つ確率が $100(1-\alpha)\%$ となる。

(2) $\dfrac{X_{n+1}-\overline{X}_n}{\sqrt{U_n(1+\frac{1}{n})}}$ が自由度 $(n-1)$ の t 分布 t_{n-1} に従うので，t_{n-1} の両側 $100(1-\alpha)\%$ 点を $-w_{\frac{\alpha}{2}},\, w_{\frac{\alpha}{2}}$ とおけば，

$$\mathbf{P}\left(-w_{\frac{\alpha}{2}} < \frac{X_{n+1}-\overline{X}_n}{\sqrt{U_n(1+\frac{1}{n})}} < w_{\frac{\alpha}{2}}\right) = 100(1-\alpha)\%$$

が成り立つ。この $\mathbf{P}(...)$ の中の不等式を X_{n+1} に関して解くと

$$\overline{X}_n - w_{\frac{\alpha}{2}}\sqrt{U_n(1+\tfrac{1}{n})} < X_{n+1} < \overline{X}_n + w_{\frac{\alpha}{2}}\sqrt{U_n(1+\tfrac{1}{n})}$$

となるので，この不等式が成り立つ確率は $100(1-\alpha)\%$ である。

少しの数学記号の説明

本書に現れる数学記号を少し解説しよう。

 階乗と二項係数

0 以上の整数 $n = 0, 1, 2, \ldots$ に対して，n の**階乗** (**factorial**) $n!$ は次のように定義される。

$$0! = 1,$$

$$n! = \underbrace{n \cdot (n-1) \cdot \cdots \cdot 2 \cdot 1}_{n\text{ 個の積}} \quad (n \geqq 1 \text{ のとき})$$

また，$k = 0, 1, \ldots, n$ に対して

$$_n\mathrm{C}_k = \frac{n!}{(n-k)!k!} = \begin{cases} 1 & (k = 0 \text{ のとき}), \\ \dfrac{\overbrace{n(n-1)\cdots(n-(k-1))}^{k\text{ 個の積}}}{k!} & (1 \leqq k \leqq n \text{ のとき}) \end{cases}$$

により定まる数 $_n\mathrm{C}_k$ を**二項係数** (**binomial coefficient**, "n **choose** k" と読む。) という。

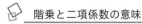 **階乗と二項係数の意味**

n 個の相異なるものが与えられているとき，それらを重複なく一列に並べたもの (またはその並べ方) を，どれも**順列** (sequence without repetition) という。その総数は，先頭にくるものから選んでいくと

$$\underbrace{n}_{\substack{\text{先頭は} \\ n \text{ 通り} \\ \text{選べる}}} \times \underbrace{(n-1)}_{\substack{\text{次点は} \\ (n-1) \text{ 通り} \\ \text{しか選べない}}} \times \underbrace{(n-2)}_{\substack{\text{その次は} \\ (n-2) \text{ 通り} \\ \text{しか選べない}}} \times \cdots \times \underbrace{2}_{\substack{\text{最後から二番目は} \\ 2 \text{ 通りしか} \\ \text{残ってない}}} \times \underbrace{1}_{\substack{\text{最後は} \\ 1 \text{ つしか} \\ \text{残ってない}}} = n! \ (\text{通り})$$

あることになる。また，n 個の相異なるものの中から，k 個からなる組合せを選ぶ場合の総数を考えてみよう。k 個からなる組合せを 1 組選ぶごとに，その選んだ k 個を一列に並べる順列を 1 つずつ考えると，n 個の相異なるものの中から k 個を一列に並べる順列を重複なく網羅できる。つまり

$$\begin{pmatrix} n \text{ 個の相異なるものから，} \\ k \text{ 個からなる組合せ} \\ \text{を選ぶ場合の総数} \end{pmatrix} \times \underbrace{\begin{pmatrix} \text{相異なる } k \text{ 個を} \\ \text{一列に並べる} \\ \text{順列の総数} \end{pmatrix}}_{\substack{\| \\ k!}} = \underbrace{\begin{pmatrix} n \text{ 個の相異なるものから，} \\ k \text{ 個だけを一列に並べる} \\ \text{順列の総数} \end{pmatrix}}_{\substack{\| \\ n(n-1)\cdots(n-(k-1))}}$$

であり，移項して

$$\begin{pmatrix} n \text{ 個の相異なるものから，} \\ k \text{ 個からなる組合せ} \\ \text{を選ぶ場合の総数} \end{pmatrix} = \frac{n(n-1)\cdots(n-(k-1))}{k!} = {}_n\mathrm{C}_k \ (\text{通り}).$$

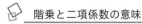 **指 数 関 数**

どのような実数 x をとっても，$a_n = \left(1 + \dfrac{x}{n}\right)^n$ により定まる数列 $\{a_n\}$ は，$n \to \infty$ のとき極限をもつことが知られてる。実数 x の選び方により，これらの数列 $\{a_n\}$ の極限値は変わってくる。この極限値を

$$\mathrm{e}^x = \lim_{n \to \infty} \left(1 + \frac{x}{n}\right)^n$$

により表し，**指数関数** (exponential function) とよぶ。特に，e^1 は単に e によって表され，**Napier** の数とよばれる。

演習問題の解答

演習問題 1.1 (p. 3)

(1) 表が出たときに 1 を，裏が出たときには 0 を記録するので，表が出た回数は 1 次元データ $y = (y_1, y_2, \ldots, y_{10})$ の値を全て足し合わせたものに等しい。つまり $\sum_{i=1}^{10} y_i = y_1 + y_2 + \cdots + y_{10} = \mathbf{5}$. 裏が出た回数は，コインを投げた回数から表が出た回数を引けば求めることができるので $10 - \sum_{i=1}^{10} y_i = 10 - 5 = \mathbf{5}$.

(2) $\bar{y} = \dfrac{1}{10} \sum_{i=1}^{10} y_i = \dfrac{5}{10} = \mathbf{0.5}$.

演習問題 1.2 (p. 5)

上から $\mathbf{0.65}$, $\mathbf{0.42}$, $\mathbf{0.46}$, $\mathbf{0.56}$, $\mathbf{0.59}$ となる。

演習問題 1.3 (p. 9)

(1) 1 次元データは $x = (x_1, x_2, x_3, x_4) = (5, 2, -3, 8)$ により与えられているので，$4L_1(a) = \sum_{i=1}^{4} |x_i - a| = |5 - a| + |2 - a| + |-3 - a| + |8 - a|$ となる。このように絶対値が入っているとグラフが描きにくいので，この絶対値を外すために，この 1 次元データを数直線に並べたときにできる区間 $a \leqq -3$, $-3 \leqq a \leqq 2$, $2 \leqq a \leqq 5$, $5 \leqq a \leqq 8$, $8 \leqq a$ に分けて

考える。

素点 \ 範囲	$a \leq -3$	$-3 \leq a \leq 2$	$2 \leq a \leq 5$	$5 \leq a \leq 8$	$8 \leq a$
$\|5 - a\|$	$-a + 5$	$-a + 5$	$-a + 5$	$a - 5$	$a - 5$
$\|2 - a\|$	$-a + 2$	$-a + 2$	$a - 2$	$a - 2$	$a - 2$
$\|-3 - a\|$	$-a - 3$	$a + 3$	$a + 3$	$a + 3$	$a + 3$
$\|8 - a\|$	$-a + 8$	$-a + 8$	$-a + 8$	$-a + 8$	$a - 8$
$4L_1(a)$	$-4a + 12$	$-2a + 18$	14	$2a + 4$	$4a - 12$

　上の場合分けに従って関数 $L_1(a)$ のグラフを描くと，右図のようになる。

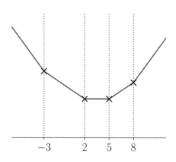

$$(2) \quad 4L_2(a) = \sum_{i=1}^{4}(x_i - a)^2$$
$$= (5 - a)^2 + (2 - a)^2 + (-3 - a)^2 + (8 - a)^2$$
$$= 4(a - 3)^2 + 66$$

となるので，これは a の 2 次関数であり，右図のようなグラフとなる。特に，$L_2(a)$ は $a = 3$ において最小値をとる。

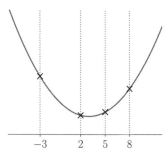

演習問題 1.4 (p. 13)

$$Q_2(x) = \frac{2 + 5}{2} = \textbf{3.5} \text{ であり，} \overline{x} = \frac{5 + 2 - 3 + 8}{4} = \textbf{3}.$$

演習問題 1.5 (p. 20)

(1) 度数分布表と対応するヒストグラムはそれぞれ次のようになる。

階　級	度数
0 以上 10 未満	1
10 以上 20 未満	4
20 以上 30 未満	6
30 以上 40 未満	7
40 以上 50 未満	13
50 以上 60 未満	12
60 以上 70 未満	9
70 以上 80 未満	6
80 以上 90 未満	2
90 以上 100 未満	0

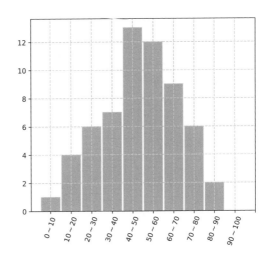

(2) 全体の 60 中, $50 \sim 100$ の階級に 29 人がいるので, 中央値を調べるためには階級 $40 \sim 50$ のトップ 2 つのデータの平均値を求めればよい. この階級内のトップ 2 つのデータは 48 と 49 であるので, 中央値は $\dfrac{48 + 49}{2} = \mathbf{48.5}$.

$0 \sim 40$ の階級に 18 人が含まれるので, 第 1 四分位数を調べるためには, 階級 $30 \sim 40$ の上位 3 位と 4 位のデータの平均値をとればよい. このデータは 37 と 36 であるので, 求める第 1 四分位数は $\dfrac{36 + 37}{2} = \mathbf{36.5}$.

$60 \sim 100$ の階級に 17 人が含まれるので, 第 3 四分位数を調べるためには, 階級 $60 \sim 70$ 内の下位 2 位と 3 位のデータの平均値をとればよい. このデータはともに 61 と 61 であるので, 求める第 3 四分位数は $\dfrac{61 + 61}{2} = \mathbf{61}$.

演習問題 1.6 (p. 21)

(1) 階級 $a_{k-1} \sim a_k$ の階級値を $\dfrac{a_{k-1} + a_k}{2}$ ととって平均値を見積もると,

$$\frac{\left(\begin{array}{l} 5 \cdot 5 + 15 \cdot 9 + 25 \cdot 10 + 35 \cdot 7 + 45 \cdot 12 \\ \quad + 55 \cdot 18 + 65 \cdot 9 + 75 \cdot 17 + 85 \cdot 8 + 95 \cdot 5 \end{array} \right)}{100} = \frac{5200}{100} = \mathbf{52}.$$

(2) (略解) 中央値は階級 $50 \sim 60$ に属する. 第 1 四分位数は階級 $30 \sim 40$ に属する. 第 3 四分位数は階級 $70 \sim 80$ に属する.

演習問題 1.7 (p. 26)

データの最小値に注目すれば b は (3) に対応することがわかる。また，データの個数を数えれば (1) のデータに対応する中央値は階級 $20 \sim 30$ に属しており，(2) のデータに対応する中央値は階級 $30 \sim 40$ に属していることがわかる。したがって，(1) のほうが (2) よりも中央値が小さい。ゆえに c が (1) に，a が (2) に対応する。

演習問題 1.8 (p. 31)

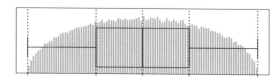

このヒストグラムは裾がストンと落ちて，裾を引いていない。これより，両ひげが例題–(1) のものより短くなっている。

演習問題 1.9 (p. 41)

(1) 女子生徒の身長からなる 1 次元データを $x = (x_1, x_2, \ldots, x_{232})$，男子生徒の身長からなる 1 次元データを $y = (y_1, y_2, \ldots, y_{215})$ とすると，題意より

$$155.2 = \overline{x} = \frac{1}{232} \sum_{i=1}^{232} x_i, \qquad 4.0 = \sqrt{v_x} = \frac{1}{232} \sum_{i=1}^{232} (x_i - \overline{x})^2,$$

$$164.0 = \overline{y} = \frac{1}{215} \sum_{j=1}^{215} y_j, \qquad 4.3 = \sqrt{v_y} = \frac{1}{215} \sum_{j=1}^{215} (y_j - \overline{y})^2$$

であることがわかる。このとき，x と y をあわせた $232 + 215 = 447$ 個からなる 1 次元データ $z = (x_1, x_2, \ldots, x_{232}, y_1, y_2, \ldots, y_{215})$ の平均値は

$$\overline{z} = \frac{x_1 + x_2 + \cdots + x_{232} + y_1 + y_2 + \cdots + y_{215}}{447}$$

$$= \frac{232 \times \dfrac{1}{232} \displaystyle\sum_{i=1}^{232} x_i + 215 \times \dfrac{1}{215} \displaystyle\sum_{j=1}^{215} y_j}{447}$$

$$= \frac{232 \times 155.2 + 215 \times 164.0}{447} \fallingdotseq \mathbf{159.4}$$

となる。一方で分散について，$\displaystyle\sum_{i=1}^{232}(x_i - \overline{x}) = \sum_{j=1}^{215}(y_j - \overline{y}) = 0$ であることに注意すると

$$
\begin{aligned}
v_z &= \frac{\displaystyle\sum_{i=1}^{232}(x_i - \overline{z})^2 + \sum_{j=1}^{215}(y_j - \overline{z})^2}{447} \\[2mm]
&= \frac{\displaystyle\sum_{i=1}^{232}\left\{(x_i - \overline{x}) + (\overline{x} - \overline{z})\right\}^2 + \sum_{j=1}^{215}\left\{(y_j - \overline{y}) + (\overline{y} - \overline{z})\right\}^2}{447} \\[2mm]
&= \frac{\displaystyle\sum_{i=1}^{232}(x_i - \overline{x})^2 + 232 \times (\overline{x} - \overline{z})^2 + \sum_{j=1}^{215}(y_j - \overline{y})^2 + 215 \times (\overline{y} - \overline{z})^2}{447} \\[2mm]
&= \frac{232 \times v_x + 232 \times (\overline{x} - \overline{z})^2 + 215 \times v_y + 215 \times (\overline{y} - \overline{z})^2}{447} \\[2mm]
&= \frac{232\left\{v_x + (\overline{x} - \overline{z})^2\right\} + 215\left\{v_y + (\overline{y} - \overline{z})^2\right\}}{447} \\[2mm]
&\fallingdotseq \frac{232\left\{4.0^2 + (155.2 - 159.4)^2\right\} + 215\left\{4.3^2 + (164.0 - 159.4)^2\right\}}{447} \\[2mm]
&\fallingdotseq 36.53.
\end{aligned}
$$

ゆえに，標準偏差は $\sqrt{v_z} \fallingdotseq \sqrt{36.53} \fallingdotseq \mathbf{6.0}$.

(2) 要点 (**p. 11**)–(2) より，関数 $L_2(a)$ は $a = \overline{x}$ のときに最小値をとる。ゆえに，この最小値は $L_2(\overline{x}) = \dfrac{1}{n}\displaystyle\sum_{i=1}^{n}(x_i - \overline{x})^2 = v_x$ で与えられる。

演習問題 1.10 (p. 49)

1 次元データを平行移動しても分散の値が変わらないことを思い出して分散公式 (**p. 39**) を用いると

$$
v = \frac{1}{n}\sum_{i=1}^{n}(x_i - x_j)^2 - (\overline{x} - x_j)^2, \qquad j = 1, 2, \ldots, n
$$

が成り立つことがわかる。そこでこれらを j に関して平均をとると

$$
v = \frac{1}{n}\sum_{j=1}^{n}\left(\frac{1}{n}\sum_{i=1}^{n}(x_i - x_j)^2 - (\overline{x} - x_j)^2\right)
$$

$$= \frac{1}{n^2} \sum_{i=1}^{n} \sum_{j=1}^{n} (x_i - x_j)^2 - \underbrace{\frac{1}{n} \sum_{j=1}^{n} (\overline{x} - x_j)^2}_{\substack{\| \\ v}} = \frac{1}{n^2} \sum_{i=1}^{n} \sum_{j=1}^{n} (x_i - x_j)^2 - v.$$

右辺の v を移項すると

$$2v = \frac{1}{n^2} \sum_{1 \le i,j \le n} (x_i - x_j)^2$$

$$= \frac{1}{n^2} \underbrace{\sum_{i<j} (x_i - x_j)^2}_{\substack{i < j \text{ となるような} \\ i \text{ と } j \text{ に関する和}}} + \frac{1}{n^2} \underbrace{\sum_{i=j} (x_i - x_j)^2}_{\substack{i = j \text{ となるような} \\ i \text{ と } j \text{ に関する和}}} + \frac{1}{n^2} \underbrace{\sum_{i>j} (x_i - x_j)^2}_{\substack{i > j \text{ となるような} \\ i \text{ と } j \text{ に関する和}}}$$

$$= \frac{2}{n^2} \sum_{1 \le i < j \le n} (x_i - x_j)^2.$$

この等式の両辺を 2 で割ると $v = \dfrac{1}{n^2} \displaystyle\sum_{1 \le i < j \le n} (x_i - x_j)^2$ が得られる。

演習問題 1.11 (p. 65)

(略解) $\overline{x} = 15$, $s_{x,x} = 5.2$, $\overline{y} = 0$, $s_{y,y} = 20.8$, $s_{x,y} = -10.4$ となる。ゆえに相関係数は

$$\rho = \frac{s_{x,y}}{\sqrt{s_{x,x}}\sqrt{s_{y,y}}} = \frac{-10.4}{\sqrt{5.2}\sqrt{20.8}} = -1$$

となる。いま、直線 $\dfrac{Y - \overline{y}}{\sqrt{s_{y,y}}} = \rho \dfrac{X - \overline{x}}{\sqrt{s_{x,x}}}$ は

$$\frac{Y}{\sqrt{20.8}} = -\frac{X - 15}{\sqrt{5.2}}.$$

つまり $Y = -2X + 30$ のことであり、これを散布図とともに図示すると右図のようになる。

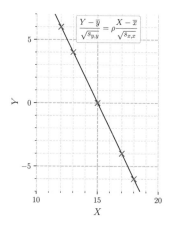

演習問題 1.12 (p. 71)

$\widehat{x}_i = 0.41 y_i + 26.98$, $\widehat{y}_i = 0.55 x_i + 2.2$ であるので、

i	x_i	$\widehat{x}_i$	$(x_i - \widehat{x}_i)^2$	$(y_i - \widehat{y}_i)^2$	$\widehat{y}_i$	y_i
1	25	33	64	1	16	15
2	32	35	9	0	20	20
3	36	36	0	1	22	21
4	37	39	4	36	23	29
5	41	37	16	0	25	25
6	38	31	49	144	23	11
7	39	37	4	1	24	25
8	34	36	4	1	21	22
9	37	38	1	16	23	27
10	41	37	16	0	25	25
平均			**16.7**	**20.0**		

となる。ゆえに

$$\frac{1}{10}\sum_{i=1}^{10}(x_i - \widehat{x}_i)^2 \fallingdotseq 16.7 < 20.0 \fallingdotseq \frac{1}{10}\sum_{i=1}^{10}(y_i - \widehat{y}_i)^2$$

が成り立つ。変量 X を説明変数におくよりも，変量 Y を説明変数として X を目的変数とし
たほうが，“うまく説明できている” ということになる。

演習問題 2.1 (p. 85) の解答例

それぞれ「{ 裏裏 }」，「{ 表裏 } または { 裏表 }」，「{ 表表 }」となる。

演習問題 2.2 (p. 87) の解答例

- (中学生向けの解答例)：友人の取り出した 1 粒ずつを無作為にとった標本点であると考
  えたい場合には，取り出したごま 30 粒が極少量と思えるほど，つまり，白ごまと黒ご
  まの比率がほぼ変化しないと思えるほど大量にごまが入った袋内のごま全体を母集団
  と考えることになる。このように考えれば，大きさ 30 の標本を得る標本調査を行った
  といってもよいであろう。

- 取り出したものは結局，白ごまと黒ごまなんだと考えれば，{ 白ごま, 黒ごま } を母集
  団に据えてもよい。この母集団から大きさ 30 の標本を得る標本調査を行ったことに
  なる。

- (数学者向け (?) の解答例): 興味があるのは「全体のごまに占める白ごまの割合」と考えると，友人が取り出した白ごまの数 (割合) は，

$$\frac{(実際に取り出された白ごまの数)}{30} = \frac{3}{30} = \frac{1}{10}$$

という数そのものであるのだ，と捉えることもできる。この場合，右辺に現れた割合そのものを無作為に選ばれた標本点と考えるために，例えば，区間 $[0,1]$ を母集団に据えることになる。ここから大きさ 1 の標本を得る標本調査を行ったといえる。

- (もう少し自由な人の解答例): 友人の取り出した 30 粒を一つの無作為な標本点と考えたい場合には，この取り出した 30 粒をまとめて 1 つの要素とするような集合ということになる。友人が手掴みで 30 粒を取り出すと考えれば，袋内の連続した領域を占める 30 粒のどれかを取り出す，と考えてもよい。つまり，袋内の連続した領域を占める 30 粒の組合せ全体を母集団として考え，そこから大きさ 1 の標本を得る標本調査を行ったといえる。(具体的に現実の集団としては実現しづらいので，嫌われる考え方かもしれませんが，これまでのどの解答例よりも自由な発想に基づいていると思います。)

演習問題 2.3 (p. 89)

「2 回続けて表が出る」事象は { 2 回続けて表が出る } と表してもよいし，

$$\{ 1 回目に表が出る; 2 回目に表が出る \}$$

と表してもよい。この確率は $\mathbf{P}$(2 回続けて表が出る), $\mathbf{P}$(1 回目に表が出る; 2 回目に表が出る) のいずれによって表してもかまわない。

演習問題 2.4 (p. 96)

定義 2.3 (**p. 94**) に照らし合わせて計算する。$\mathbf{E}[X^2]$ は $g(x) = x^2$ の場合であるので

$$\mathbf{E}[X^2] = 0^2 \cdot f_0 + 1^2 \cdot f_1 + 2^2 \cdot f_2$$
$$= 2p(p+1).$$

一方で $\mathbf{E}[X] = 2p$ であったことを思い出すと，$\mathbf{E}[(X - \mathbf{E}[X])^2]$ は $g(x) = (x - 2p)^2$ の場合であるので

$$\mathbf{E}[(X - \mathbf{E}[X])^2] = (0 - 2p)^2 \cdot f_0 + (1 - 2p)^2 \cdot f_1 + (2 - 2p)^2 \cdot f_2$$
$$= 2p(1 - p).$$

演習問題 2.5 (p. 109)

1個のサイコロを100回投げる実験を10回行う

		結果	結果	結果	結果	結果	結果	結果	結果	結果	結果		度数	相対度数
1	回目の試行	6	3	4	4	2	4	3	2	6	2	1の目	154	0.154
2	回目の試行	5	3	2	1	1	1	2	6	6	3	2の目	153	0.153
3	回目の試行	5	4	2	2	5	3	2	1	1	3	3の目	174	0.174
4	回目の試行	*fx* RANDBETWEEN 1,6							4	3	5	4の目	152	0.152
5	回目の試行	3	2	4	6	6	4	1	4	2		5の目	184	0.184
6	回目の試行	1	2	5	6	6	5	3	1	2	2	6の目	183	0.183
7	回目の試行	1	3	5	5	3	3	1	1	6	2	合計	1000	1
8	回目の試行	6	5	4	3	2	6	1	5	1	1			
9	回目の試行	6	6	5	1	5	6	6	5	6	2			
10	回目の試行	1	2	6	5	3	6	6	3	1	6			
11	回目の試行	6	4	5	3	3	4	3	1	5	3			
12	回目の試行	5	1	2	5	6	3	4	5	2	1			
13	回目の試行	6	5	4	2	2	2	1	3	6	6			
14	回目の試行	1	6	6	4	2	6	5	1	3	5			
15	回目の試行	4	1	3	4	5	1	2	1	4	6			
16	回目の試行	1	4	6	3	3	5	4	6	6	1			
17	回目の試行	2	4	3	4	5	2	4	6	6	1			
18	回目の試行	5	6	3	2	6	6	5	6	5	4			
19	回目の試行	5	1	2	6	6	5	2	5	6	1			
20	回目の試行	3	5	5	3	1	3	4	3	1	2			
21	回目の試行	1	4	3	5	4	6	1	3	5	6			
22	回目の試行	2	1	5	4	1	3	4	5	1	3			
23	回目の試行	1	3	2	6	1	1	6	4	6	5			
24	回目の試行	1	3	3	2	3	4	4	5	6	4			

相対度数のヒストグラム

（縦軸の目盛り: 0.19, 0.143, 0.095, 0.048, 0　横軸: 1の目, 2の目, 3の目, 4の目, 5の目, 6の目）

演習問題 3.1 (p. 168)

このクラスのテストの点数からなる正規母集団の母平均を μ, 母分散を σ^2 とおく。このクラスの 100 人がとる点数を $X_1, X_2, \ldots, X_{100}$ とおくと, このクラスがテストを受けることは, 正規母集団 $N(\mu, \sigma^2)$ からの大きさ 100 の無作為標本をとる標本調査を行うことにほかならない。

(1) 帰無仮説「$\mu = 110$」を仮定すると, $T = \dfrac{\overline{X}_{100} - 110}{\sqrt{U_{100}/100}}$ は自由度 $100 - 1 = 99$ の t 分布 t_{99} に従う。そこで t_{99} の両側 1 % 点を $-z_{0.005}, z_{0.005}$ とおくと,

$$T < -z_{0.005} \quad \text{または} \quad z_{0.005} < T$$

が成り立つ確率は 1 % と小さい。標本調査の結果, $\overline{X}_{100}$ と U_{100} の実現値として $\overline{x} = 115$, $u = \dfrac{100}{99} v = \dfrac{100}{99}(42)^2 \fallingdotseq 1781.82$ が得られたことになる。いま, T の実現値は

$$t = \frac{\overline{x} - 110}{\sqrt{u/100}} = \frac{115 - 110}{\sqrt{1781.81/100}} \fallingdotseq 1.18$$

であり，一方で $z_{0.005} \fallingdotseq 2.63$ であるので $z_{0.995} = -z_{0.005} < t < z_{0.005}$ となる。ゆえに帰無仮説は棄却できず，「平均的でない」とはいえない。

(2) 全国的に足並みがそろっているとは，点数の散らばり方が全国的にみたものと同じということであるので，母分散に関する検定を行えばよい。

帰無仮説「$\sigma^2 = 30^2$」を仮定すると，$T = \dfrac{100}{30^{20}} V_{100}$ は自由度 $100 - 1 = 99$ の χ^2 分布 χ^2_{99} に従う。そこで χ^2_{99} の両側 5 % 点を $z_{0.975}, z_{0.025}$ とおけば，

$$T < z_{0.975} \quad \text{または} \quad z_{0.025} < T$$

が成り立つ確率は 5 % と小さい。

標本調査の結果，V_{100} の実現値として $v = 42^2$ が得られている。いま，T の実現値は

$$t = \frac{100}{30^2} v = \frac{100}{30^2} \cdot 42^2 \fallingdotseq 196.0$$

であり，一方で $z_{0.025} \fallingdotseq 128.4$ であるから $z_{0.025} < t$ となる。ゆえに帰無仮説は棄却され，「足並みがそろっている」とはいえない。

演習問題 3.2 (p. 168)

題意より，台風の後，この工場で樽に注入されるワインの量 (単位は L) の集まりは正規母集団 $\mathrm{N}(\mu, \sigma^2)$ をなすとしてよい (母平均 μ と母分散 σ^2 の値は題意からは読みとれず未知と考える)。この機械が注入した樽を 25 樽を無作為に選んで内容量を調べることは，この正規母集団 $\mathrm{N}(\mu, \sigma^2)$ から大きさ 25 の無作為標本 $X_1, X_2, \ldots, X_{25}$ を抽出することにほかならない。

いま，帰無仮説「$\mu = 228$」を仮定する。すると $T = \dfrac{\overline{X}_{25} - 228}{\sqrt{U_{25}/25}}$ は自由度 $25 - 1 = 24$ の t 分布 t_{24} に従う。そこで t_{24} の両側 5 % 点を $-z_{0.025}, z_{0.025}$ で表すと，

$$T < -z_{0.025} \quad \text{または} \quad z_{0.025} < T$$

が成り立つ確率は 5 % と小さい。

標本調査の結果，$\overline{X}_{25}$ と U_{25} の実現値として $\overline{x} = 227.5, u = \dfrac{25}{24} v = \dfrac{25}{24}(1.2)^2 = 1.5$ が得られている。ゆえに T の実現値は

$$t = \frac{\overline{x} - 228}{\sqrt{u/25}} = \frac{227.5 - 228}{\sqrt{1.5/25}} \fallingdotseq -2.04$$

であり，一方で $z_{0.025} \fallingdotseq 2.06$ であるので $z_{0.975} = -z_{0.025} < t < z_{0.025}$ が成り立っている。したがって帰無仮説は棄却できず，「機械に不備が生じた」とはいえない。

演習問題 3.3 (p. 168)

　工程に変更を加えた後の蛍光灯の寿命 (単位は時間) からなる母集団を $N(\mu, 25^2)$ とする。(母平均 μ の値は読み取れないので未知と考える。) 試作品 30 本を無作為に選びその寿命を調べることは，正規母集団 $N(\mu, 25^2)$ から大きさ 30 の無作為標本 $X_1, X_2, \ldots, X_{30}$ を抽出することにほかならない。

　(1) 帰無仮説「$\mu = 1500$」を仮定すると，$T = \dfrac{\overline{X}_{30} - 1500}{\sqrt{25^2/30}}$ は標準正規分布 $N(0,1)$ に従う。そこで $N(0,1)$ の両側 5 % 点を $z_{0.975}, z_{0.025}$ とおくと，

$$T < z_{0.975} \quad \text{または} \quad z_{0.025} < T$$

が成り立つ確率は 5 % と小さい。

　標本調査の結果，$\overline{X}_{30}$ の実現値として $\bar{x} = 1518$ が得られているので，T の実現値は

$$t = \frac{1518 - 1500}{\sqrt{25^2/30}} \fallingdotseq 3.94 > 1.96 \fallingdotseq z_{0.025}$$

をみたす。ゆえに帰無仮説が棄却され，「寿命は変化した」と結論する。

　(2) 工程の変更後，寿命が改善した，つまり $\mu \geqq 1500$ であることに絶対の自信があるということを信用すると，$\mu = 1500$ であるか $\mu > 1500$ であるかの一方のみが成り立つことになる。

　そこで，帰無仮説「$\mu = 1500$」を対立仮説「$\mu > 1500$」に対して仮説検定してみよう。

　この検定手法について考えるために，まず $N(0,1)$ の両側 (5 % ではなく) **10 % 点** $z_{0.95}$ $(= -z_{0.05}), z_{0.05}$ をとってみよう。さらに T を

$$T = \overbrace{\frac{\overline{X}_{30} - \mu}{\sqrt{25^2/30}}}^{\text{平均 0}} + \overbrace{\frac{\mu - 1500}{\sqrt{25^2/30}}}^{\geqq 0}$$

と書き直しておくと，

- 帰無仮説「$\mu = 1500$」というよりもむしろ，大前提「$\mu \geqq 1500$」の下で考えても，事象 $\{T < -z_{0.05}\}$ はほぼ起こりえない。
- 帰無仮説「$\mu = 1500$」の下で考えたほうが，対立仮説「$\mu > 1500$」の下で考えるよりも事象 $\{T < -z_{0.05}\}$ は起きやすそうである。

この 2 つの観点から，事象 $\{T < -z_{0.05}\}$ を p. 156 の文脈の事象 E として用いる検定は，強い統計的根拠をもって帰無仮説を否定したい，という仮説検定の趣旨に反する。

　一方で事象 $\{z_{0.025} < T\}$ は，上に挙げたそれぞれとは全く逆の性質をもつので，p. 156 の文脈の事象 E として用いるのにふさわしい。そこで，この事象が起こったときに帰無仮説を棄却する検定を行うことにしよう。

いま，帰無仮説「$\mu = 1500$」を仮定すると，$T = \dfrac{\overline{X}_{30} - 1500}{\sqrt{25^2/30}}$ は標準正規分布 $\mathrm{N}(0,1)$ に従うので，

$$z_{0.05} < T$$

が成り立つ確率は 5 % である。

標本調査の結果，T の実現値 t は

$$t \fallingdotseq 3.94 > 2.58 \fallingdotseq z_{0.05}$$

をみたすので，帰無仮説の下では 100 回中およそ 5 回しか起こらないことが，起こってしまったことになる。これは不自然であるので帰無仮説を棄却し，「蛍光灯の寿命は改善された」と結論する。

ここで行った検定手法は**右側検定**とよばれる。

演習問題 3.4 (p. 169)

この醸造所で造るビールの 1 mL あたりに含まれる酵母の個数がなす母集団を Π とし，その母平均を μ，母分散を σ^2 とする。

この醸造所で造るビールの 1 mL あたりに含まれる酵母の個数を 100 回調べることは，この母集団 Π から大きさ 100 の無作為標本 $X_1, X_2, \ldots, X_{100}$ を抽出することにほかならないが，Π が正規母集団であるかはわからないので，この無作為に選ばれた標本点 X_i がどのような確率分布に従っているのかはわからない。

そこで 2.4.10 項 (**p. 142**) のアイデアを思い出そう。例えば 20 個単位の標本平均を

$$Y_1 = \frac{1}{20}\sum_{i=1}^{20} X_i, \ Y_2 = \frac{1}{20}\sum_{i=21}^{40} X_i, \ Y_3 = \frac{1}{20}\sum_{i=41}^{60} X_i, \ Y_4 = \frac{1}{20}\sum_{i=61}^{80} X_i, \ Y_5 = \frac{1}{20}\sum_{i=81}^{100} X_i$$

とおいてみよう。中心極限定理 (**p. 126**) を思い出して，これらはほぼ $\mathrm{N}\left(\mu, \dfrac{\sigma^2}{20}\right)$ に従うと割り切ってみよう (この精度が不安なら，**30** 個単位など，よりたくさんのデータの標本平均を Y とおくことになります)。すると，Y_1, Y_2, Y_3, Y_4, Y_5 は正規母集団 $\mathrm{N}\left(\mu, \dfrac{\sigma^2}{20}\right)$ からの大きさ 5 の無作為標本であると考えられる。

(1) 帰無仮説「$\mu = 11.25 \times 10^6$」を仮定すると，$T = \dfrac{\overline{Y}_5 - 11.25 \times 10^6}{\sqrt{U_5/5}}$ は自由度 $5 - 1 = 4$ の t 分布 t_4 に従う。この両側 1 % 点を $-z_{0.005}, z_{0.005}$ とおけば，$\mathbf{P}(T < -z_{0.005}$ または $z_{0.005} < T) = 1\%$ となる。

標本調査の結果，$X_1, X_2, \ldots, X_{100}$ (単位は 10^6 個) の実現値として

										左一列の平均
11.24	11.38	11.41	11.22	11.14	11.29	11.16	11.50	11.24	11.34	11.292
11.06	11.17	11.22	11.34	11.26	10.93	11.09	11.32	11.30	11.06	11.175
11.30	11.28	11.18	11.47	11.36	11.31	11.33	11.13	11.20	11.21	11.277
11.26	11.38	11.11	11.37	11.29	11.13	11.39	11.00	11.21	11.44	11.258
11.23	11.30	11.36	11.32	11.28	11.24	11.26	11.25	11.19	11.06	11.249
11.16	11.31	11.46	11.46	11.38	11.28	11.09	11.23	11.22	11.36	11.295
11.20	11.05	11.26	11.34	11.21	11.22	11.31	11.28	11.41	11.15	11.243
11.22	11.23	11.10	11.23	11.43	11.24	11.25	11.18	11.25	11.15	11.228
11.06	11.40	11.34	11.21	11.26	11.15	11.23	11.26	11.36	11.30	11.257
11.34	11.28	11.31	11.16	11.21	11.44	11.37	11.41	11.32	11.14	11.298

が得られている。これにより $\overline{Y}_5 = \overline{X}_{100}$ の実現値は

$$\overline{y} = \frac{10^6}{10}\left(\begin{array}{c}11.292 + 11.175 + 11.277 + 11.258 + 11.249 \\ + 11.295 + 11.243 + 11.228 + 11.257 + 11.298\end{array}\right) = 11.2572 \times 10^6$$

であり，$U_5 = \frac{1}{4}\sum_{i=1}^{5}(Y_i - \overline{Y}_5)^2$ の実現値として

$$u = \frac{10^{12}}{4}\left\{\begin{array}{c}\left(\frac{11.292+11.175}{2} - \overline{y}\right)^2 + \left(\frac{11.277+11.258}{2} - \overline{y}\right)^2 + \left(\frac{11.249+11.295}{2} - \overline{y}\right)^2 \\ + \left(\frac{11.243+11.228}{2} - \overline{y}\right)^2 + \left(\frac{11.257+11.298}{2} - \overline{y}\right)^2\end{array}\right\}$$

$$= 0.0004424499999999866 \times 10^{12}$$

が得られているので，T の実現値は

$$t = \frac{\overline{y} - 11.25 \times 10^6}{\sqrt{u/5}} = \frac{(11.2572 - 11.25) \times 10^6}{\sqrt{\frac{0.0004424499999999866}{5}} \times 10^6} = \frac{11.2572 - 11.25}{\sqrt{\frac{0.0004424499999999866}{5}}} \fallingdotseq 0.765.$$

ゆえに $-z_{0.005} \fallingdotseq -4.604 < t < 4.604 \fallingdotseq z_{0.005}$ が成り立つので，帰無仮説は棄却されない。"最も風味が豊かな状態" ではない，とはいえない。

(2) 帰無仮説「$\sigma^2 = 0.05^2 \times 10^{12}$」を仮定すると，$T = \dfrac{5}{0.05^2 \times 10^{12}/20}V_5$ は自由度 $5 - 1 = 4$ の χ^2 分布 χ_4^2 に従う（$\frac{5}{0.10^2 \times 10^{12}}V_5$ ではない!）。この両側 5% 点を $z_{0.975}, z_{0.025}$ とおくと $\mathbf{P}(T < z_{0.975}$ または $z_{0.025} < T) = 5\%$ となる。

標本調査の結果，$V_5 = \dfrac{4}{5}U_5$ の実現値として $v = \dfrac{4}{5}u = 0.00035395999999998927 \times 10^{12}$ が得られているので，T の実現値は

$$t = \frac{5}{0.05^2 \times 10^{12}/20}v = \frac{5}{0.05^2/20} \times 0.00035395999999998927 \fallingdotseq 14.158 > 11.14 \fallingdotseq z_{0.025}.$$

ゆえに帰無仮説は棄却される。つまり有意水準 5 % では，"最もなめらかな味わいになっている"とはいえない。

演習問題 4.1 (p. 186)

　この地域で消費されるカステラの量 (単位は本) がなす正規母集団を $N(\mu, (0.8)^2)$ とおく。(母平均 μ の値は文脈からは読み取れず未知であり，これに対する信頼区間を求める問題である。) 無作為に選んだ 25 人にアンケートをとってカステラの消費量を調べることは，この母集団 $N(\mu, (0.8)^2)$ から大きさ 25 の無作為標本 $X_1, X_2, \ldots, X_{25}$ を抽出することにほかならない。

$\dfrac{\overline{X}_{25} - \mu}{\sqrt{(0.8)^2/25}}$ は標準正規分布 $N(0,1)$ に従う (**p. 146**)。そこで $N(0,1)$ の両側 1 % 点を $z_{0.995} (= -z_{0.005})$, $z_{0.005}$ とおくと，

$$\mathbf{P}\left(-z_{0.005} < \frac{\overline{X}_{25} - \mu}{\sqrt{(0.8)^2/25}} < z_{0.005}\right) = 99\,\%$$

が成り立つ。この $\mathbf{P}(\ldots)$ の中の不等式を μ について解くと，

$$\overline{X}_{25} - z_{0.005}\sqrt{\frac{(0.8)^2}{25}} < \mu < \overline{X}_{25} + z_{0.005}\sqrt{\frac{(0.8)^2}{25}}$$

が成り立つ確率が 99 % であることになる。

　標本調査の結果，$\overline{X}_{25}$ の実現値として $\overline{x} = 5.28$ が得られている。一方で $z_{0.005} \fallingdotseq 2.5758$ であるので，上の不等式の左辺と右辺の実現値はそれぞれ

$$\overline{x} - z_{0.005}\sqrt{\frac{(0.8)^2}{25}} \fallingdotseq 5.28 - 2.5758\sqrt{\frac{(0.8)^2}{25}} \fallingdotseq 4.87, \qquad \overline{x} + z_{0.005}\sqrt{\frac{(0.8)^2}{25}} \fallingdotseq 5.69$$

である。以上により，今回の調査で得られた μ に対する 99 % 信頼区間は **(4.87, 5.69)**.

演習問題 4.2 (p. 186)

　この食堂で出されるアジフライの大きさ (単位は cm) がなす正規母集団を $N(\mu, \sigma^2)$ とおく。(母平均 μ と母分散 σ^2 の値は文脈からは読みとれず未知と考える。) 20 食分を注文してその大きさを調べることは，この母集団 $N(\mu, \sigma^2)$ から大きさ 20 の無作為標本 $X_1, X_2, \ldots, X_{20}$ を抽出することにほかならない。

(1) $\dfrac{\overline{X}_{20} - \mu}{\sqrt{U_{20}/20}}$ は自由度 $20 - 1 = 19$ の t 分布 t_{19} に従う。そこで t_{19} の両側 5 % 点を

$z_{0.975}\,(=-z_{0.025}),\,z_{0.025}$ とおくと，

$$\mathbf{P}\left(-z_{0.025}<\frac{\overline{X}_{20}-\mu}{\sqrt{U_{20}/20}}<z_{0.025}\right)=95\,\%$$

が成り立つ。この $\mathbf{P}(\ldots)$ の中の不等式を μ について解くと，

$$\overline{X}_{20}-z_{0.025}\sqrt{\frac{U_{20}}{20}}<\mu<\overline{X}_{20}+z_{0.025}\sqrt{\frac{U_{20}}{20}}$$

が成り立つ確率が 95 % であることになる。

標本調査の結果，$\overline{X}_{20}$ と U_{20} の実現値として $\overline{x}=19$, $u=\dfrac{20}{19}v=\dfrac{20}{19}(1.5)^2\fallingdotseq 2.37$ が得られている。一方で $z_{0.025}\fallingdotseq 2.09$ であるので，上の不等式の左辺と右辺の実現値はそれぞれ

$$\overline{x}-z_{0.025}\sqrt{\frac{u}{20}}\fallingdotseq 19-2.09\sqrt{\frac{2.37}{20}}\fallingdotseq 18.3,\qquad \overline{x}+z_{0.025}\sqrt{\frac{u}{20}}\fallingdotseq 19.7$$

である。以上により，今回の調査で得られた μ に対する 95 % 信頼区間は $(\mathbf{18.3,19.7})$.

(2)　(**略解**)　今回の調査で得られた σ^2 に対する 99 % 信頼区間は $(\mathbf{1.17,6.58})$.

演習問題 4.3 (p. 186)

(**略解**)　今回の調査で得られた母分散に対する 99 % 信頼区間は $(\mathbf{4.24\times 10^5, 57.64\times 10^5})$.

演習問題 4.4 (p. 186)

内閣支持率を $100p$ % とする。内閣支持についてのアンケートの結果，各人につき Yes なら 1 を，No なら 0 を数えることにする。10000 人のアンケート結果を $X_1,X_2,\ldots,X_{10000}$ とおくとき，各 X_i は

$$\mathbf{P}(X_i=1)=100p\,\%,\qquad \mathbf{P}(X_i=0)=100(1-p)\,\%$$

をみたすと考える。この 10000 人のうちの支持者の数は $S=X_1+X_2+\cdots+X_{10000}$ と表されるが，このとき p. 97 の内容により $S\sim\text{binomial}(10000,p)$ である。ここでさらに de Moivre-Laplace の定理 (p. 131) を用いると

$$S\sim\text{binomial}(10000,p)\fallingdotseq\sqrt{10000p(1-p)}\times\text{N}(0,1)+10000p$$

となる。そこで $Z = \dfrac{S - 10000p}{\sqrt{10000p(1-p)}}$ とおき，$Z \sim \mathrm{N}(0,1)$ であると割り切ってしまおう。

このとき，標準正規分布 $\mathrm{N}(0,1)$ の両側 5 ％点を $z_{0.975}$ $(= -z_{0.025})$, $z_{0.025}$ とおけば，

$$\mathbf{P}\left(-z_{0.025} < \frac{S - 10000p}{\sqrt{10000p(1-p)}} < z_{0.025}\right) = 95\,\%$$

が成り立つ。この $\mathbf{P}(\ldots)$ の中の不等式は $\left(\dfrac{S - 10000p}{\sqrt{10000p(1-p)}}\right)^2 < (z_{0.025})^2$ と同じことである。この不等式を p に関して整理すると，不等式

$$(S - 10000p)^2 < 10000 \cdot (z_{0.025})^2 p(1-p)$$

が 95 ％の確率で成り立つことになる。$n = 10000$ とおいてこの不等式を p について解くと

$$\frac{-\dfrac{z_{0.025}}{\sqrt{n}}\sqrt{\dfrac{S}{n}\left(1 - \dfrac{S}{n}\right) + \dfrac{(z_{0.025})^2}{4n}} + \dfrac{S}{n} + \dfrac{(z_{0.025})^2}{2n}}{1 + \dfrac{(z_{0.025})^2}{n}}$$

$$< p < \frac{\dfrac{z_{0.025}}{\sqrt{n}}\sqrt{\dfrac{S}{n}\left(1 - \dfrac{S}{n}\right) + \dfrac{(z_{0.025})^2}{4n}} + \dfrac{S}{n} + \dfrac{(z_{0.025})^2}{2n}}{1 + \dfrac{(z_{0.025})^2}{n}}$$

が 95 ％の確率で成り立つことになる。

標本調査の結果，$\dfrac{S}{n} = \dfrac{S}{10000} = 62\,\% = 0.62$ であり，一方で $z_{0.025} \fallingdotseq 1.96$ であるので $\dfrac{z_{0.025}}{\sqrt{n}} = 0.0196$. これらを用いると，上の不等式の左辺と右辺の実現値はそれぞれおよそ $0.610, 0.629$ であることがわかる。以上により，今回の標本調査の結果得られた p に対する 95 ％信頼区間は $(\mathbf{0.610}, \mathbf{0.629})$.

演習問題 4.5 (p. 187)

この醸造所で造るビールの 1 mL あたりに含まれる酵母の個数がなす母集団を Π とし，その母平均を μ（単位は 10^6 個），母分散を σ^2（単位は 10^{12} 個^2）とする。

この醸造所で造るビールの 1 mL あたりに含まれる酵母の個数を 100 回調べることは，この母集団 Π から大きさ 100 の無作為標本 $X_1, X_2, \ldots, X_{100}$ を抽出することにほかならないが，Π が正規母集団であるかはわからないので，この無作為に選ばれた標本点 X_i がどのような確

率分布に従っているのかはわからない。

そこで 2.4.10 項 (**p. 142**) のアイデアを思い出そう。例えば 20 個単位の標本平均を

$$Y_1 = \frac{1}{20}\sum_{i=1}^{20} X_i, \ \ Y_2 = \frac{1}{20}\sum_{i=21}^{40} X_i, \ \ Y_3 = \frac{1}{20}\sum_{i=41}^{60} X_i, \ \ Y_4 = \frac{1}{20}\sum_{i=61}^{80} X_i, \ \ Y_5 = \frac{1}{20}\sum_{i=81}^{100} X_i$$

とおいてみる。中心極限定理 (**p. 126**) を思い出して，これらはほぼ $\mathrm{N}\left(\mu, \dfrac{\sigma^2}{20}\right)$ に従うと割り切ってみる (この精度が不安なら，**30** 個単位など，よりたくさんのデータの標本平均を Y とおくことになります)。すると，Y_1, Y_2, Y_3, Y_4, Y_5 は正規母集団 $\mathrm{N}\left(\mu, \dfrac{\sigma^2}{20}\right)$ からの大きさ 5 の無作為標本であると考えられる。

(1) $\dfrac{5}{\sigma^2/20}V_5$ は自由度 $5-1=4$ の χ^2 分布 χ_4^2 に従う ($\frac{5}{\sigma^2}V_5$ ではない!)。この両側 95 % 点を $-z_{0.025}, z_{0.975}$ とおけば，

$$\mathbf{P}\left(z_{0.975} < \frac{5}{\sigma^2/20}V_5 < z_{0.025}\right) = 95\,\%$$

となる。$\mathbf{P}(...)$ の中の不等式を σ^2 に関して解くと

$$\frac{100V_5}{z_{0.025}} < \sigma^2 < \frac{100V_5}{z_{0.975}}$$

が 95 % の確率で成り立っていることになる。

標本調査の結果，$X_1, X_2, \ldots, X_{100}$ (単位は 10^6 個) の実現値として

										左一列の平均
11.24	11.38	11.41	11.22	11.14	11.29	11.16	11.50	11.24	11.34	11.292
11.06	11.17	11.22	11.34	11.26	10.93	11.09	11.32	11.30	11.06	11.175
11.30	11.28	11.18	11.47	11.36	11.31	11.33	11.13	11.20	11.21	11.277
11.26	11.38	11.11	11.37	11.29	11.13	11.39	11.00	11.21	11.44	11.258
11.23	11.30	11.36	11.32	11.28	11.24	11.26	11.25	11.19	11.06	11.249
11.16	11.31	11.46	11.46	11.38	11.28	11.09	11.23	11.22	11.36	11.295
11.20	11.05	11.26	11.34	11.21	11.22	11.31	11.28	11.41	11.15	11.243
11.22	11.23	11.10	11.23	11.43	11.24	11.25	11.18	11.25	11.15	11.228
11.06	11.40	11.34	11.21	11.26	11.15	11.23	11.26	11.36	11.30	11.257
11.34	11.28	11.31	11.16	11.21	11.44	11.37	11.41	11.32	11.14	11.298

が得られている。これにより $\overline{Y}_5 = \overline{X}_{100}$ の実現値は

$$\overline{y} = \frac{1}{10}\left(\begin{array}{l} 11.292 + 11.175 + 11.277 + 11.258 + 11.249 \\ \ + 11.295 + 11.243 + 11.228 + 11.257 + 11.298 \end{array}\right) = 11.2572 \times 10^6$$

であり，$V_5 = \dfrac{1}{5}\displaystyle\sum_{i=1}^{5}(Y_i - \overline{Y}_5)^2$ の実現値として

$$v = \frac{10^{12}}{5}\left\{ \begin{array}{c}\left(\frac{11.292+11.175}{2} - \overline{y}\right)^2 + \left(\frac{11.277+11.258}{2} - \overline{y}\right)^2 + \left(\frac{11.249+11.295}{2} - \overline{y}\right)^2 \\ + \left(\frac{11.243+11.228}{2} - \overline{y}\right)^2 + \left(\frac{11.257+11.298}{2} - \overline{y}\right)^2 \end{array}\right\}$$
$$= 0.00035395999999998927 \times 10^{12}$$

が得られているので，上の不等式に現れる左辺と右辺の実現値は

$$\frac{100v}{z_{0.025}} \fallingdotseq \frac{100 \times 0.00035395999999998927}{11.14} \fallingdotseq 0.0031773788150806937,$$

$$\frac{100v}{z_{0.975}} \fallingdotseq \frac{100 \times 0.00035395999999998927}{0.484} \fallingdotseq 0.07313223140495646$$

となる。ゆえに求める信頼区間は $(\mathbf{0.0031773788150806937}, \mathbf{0.07313223140495646})$. この幅は 0.06995485258987577 である。

(2) 大きさ 100 の無作為標本 $X_1, X_2, \ldots, X_{100}$ の標本分散を $W_{100} = \dfrac{1}{100}\displaystyle\sum_{i=1}^{100}(X_i - \overline{X}_{100})^2$ とおくと，$\dfrac{100}{\sigma^2}W_{100}$ は自由度 $100-1 = 99$ の χ^2 分布 χ^2_{99} に従う。この両側 5 % 点を $z'_{0.975}$, $z'_{0.025}$ とおくと

$$\mathbf{P}\left(z'_{0.975} < \frac{100}{\sigma^2}W_{100} < z'_{0.025}\right) = 95\,\%$$

となる。$\mathbf{P}(...)$ の中の不等式を σ^2 に関して解くと

$$\frac{100W_{100}}{z'_{0.025}} < \sigma^2 < \frac{100W_{100}}{z'_{0.975}}$$

が 95 % の確率で成り立っていることになる。

標本調査の結果，$\overline{X}_{100}$ と W_{100} の実現値としてそれぞれ

$$\overline{x} = \overline{y} = 11.2572, \qquad w = \frac{1}{100}\sum_{i=1}^{100}(x_i - \overline{x})^2 = 0.012292159999999988$$

が得られているので，上の不等式に現れる左辺と右辺の実現値はそれぞれ

$$\frac{100w}{z'_{0.025}} \fallingdotseq \frac{100 \times 0.012292159999999988}{128.42} \fallingdotseq 0.009571842392150746,$$

$$\frac{100w}{z'_{0.975}} \fallingdotseq \frac{100 \times 0.012292159999999988}{73.36} \fallingdotseq 0.016755943293347855.$$

よって，求める信頼区間は $(\mathbf{0.009571842392150746}, \mathbf{0.016755943293347855})$．この幅は 0.007184100901197109 であり，(1) のときの幅の $\dfrac{1}{10}$ ほどの狭さになっている。

(コメント：(1) のときよりも信頼区間の幅が狭くなっているので母集団分布に正規分布を仮定することがよい，ということではありません。実際には，問題で与えた $X_1, X_2, \ldots, X_{100}$ の実現値は $\dfrac{\text{Poisson}(11250)}{1000}$ からサンプリングしたものであり，正規分布のそれではありません。つまり，この (2) の問題は無意味なのです。このように，母集団分布が正規分布であることがわかっているかそうでないかという情報は，区間推定の精度に影響してきます。普通は母集団分布の形はわからないので，あからさまに狭い区間推定の結果を見せられたときには疑ってかかるべきでしょう。)

参 考 文 献

　仮説検定に関しては，本書に収めきれなかったたくさんの検定手法が知られていま
す。本書より発展的な内容も含みますが，興味のある読者には次のような本を紹介し
ておきます。

　　　明解演習 数理統計，小寺平治，共立出版，1986.
　　　　　ISBN-10: 4320013816; ISBN-13; 978-4320013810
　　　統計学演習，村上正康・安田正實，培風館，1989.
　　　　　ISBN-10: 4563008702; ISBN-13: 978-4563008703

　また，少し発展的かつ理論的な統計学を学びたいという読者には，さらに，以下の
教科書を挙げておきます。

　　　確率・統計入門，小針晛宏，岩波書店，1973.
　　　　　ISBN-10: 4000051571; ISBN-13: 978-4000051576

本書はところどころ，

　　　Weighing the odds, David Williams, A course in probability and statistics.
　　　Cambridge University Press, Cambridge, 2001.
　　　　　ISBN: 0-521-80356-X; 0-521-00618-X

に影響を受けた箇所があります。この本は確率論が統計学と手を取り合うべく書かれ
た本であり，この1冊にして確率論の初歩や哲学から，確率論の定理，統計学に現れ
る基本的な統計モデル，頻度統計学，ベイズ統計学，彼らの対立，に対する確率論側

からの考察，さらには量子コンピューティングの初歩までを取り込んだ壮大な内容に
なっています (ゆえにかなり分厚い)。

　確率論が現代数学として位置づけられる前の，人間の経験や自由な発想でものをい
う数学であったころ，様々なパラドックスが生まれました。その多くは，経験や直感
に基づく「確率」という概念が，いかにデリケートなものであるかを示唆しています
(というのは，現代の確率論を学んで初めて気づくことでもありますが...)。例えば

　　　眠れぬ夜の確率論，原 啓介，日本評論社，2020.
　　　　　ISBN-10: 4535789177; ISBN-13: 978-4535789173

は，確率という概念をめぐるそのような (しかも結構高度な) 噺 を語りかけてくれてい
ます。

215

著者略歴

田 中 　 勝
た　　なか　　　　まさる

1991年　九州大学大学院理学研究科物理
　　　　学専攻博士課程修了
現　在　福岡大学理学部応用数学科教授
　　　　理学博士
　主要著書
エントロピーの幾何学（コロナ社）

藤 木 　 淳
ふじ　き　　　じゅん

2010年　筑波大学大学院システム情報工
　　　　学研究科コンピュータサイエン
　　　　ス専攻博士後期課程修了
現　在　福岡大学理学部応用数学科教授
　　　　博士（工学）

青 山 崇 洋
あお　やま　たか　ひろ

2008年　慶應義塾大学大学院理工学研究
　　　　科基礎理工学専攻後期博士課程
　　　　修了
現　在　岡山大学大学院環境生命科学研
　　　　究科准教授
　　　　博士（理学）

天 羽 隆 史
あま　ば　たか　ふみ

2014年　立命館大学大学院理学研究科基
　　　　礎理工学専攻博士後期課程修了
現　在　福岡大学理学部応用数学科講師
　　　　博士（理学）

ⓒ　田中 勝・藤木 淳・青山崇洋・天羽隆史　2021

2021 年 2 月 5 日　初 版 発 行
2021 年 4 月 15 日　初版第 2 刷発行

統 計 学 リ テ ラ シ ー

　　　　　　　　田 中 　 勝
　　　　　　　　藤 木 　 淳
　　　著　者　　青 山 崇 洋
　　　　　　　　天 羽 隆 史
　　　発行者　山 本 　 格

発 行 所　株式会社　培 風 館
東京都千代田区九段南 4-3-12・郵便番号 102-8260
電 話 (03)3262-5256 (代表)・振 替 00140-7-44725

三美印刷・牧 製本

PRINTED IN JAPAN

ISBN 978-4-563-01029-4　　C3033